AF479511

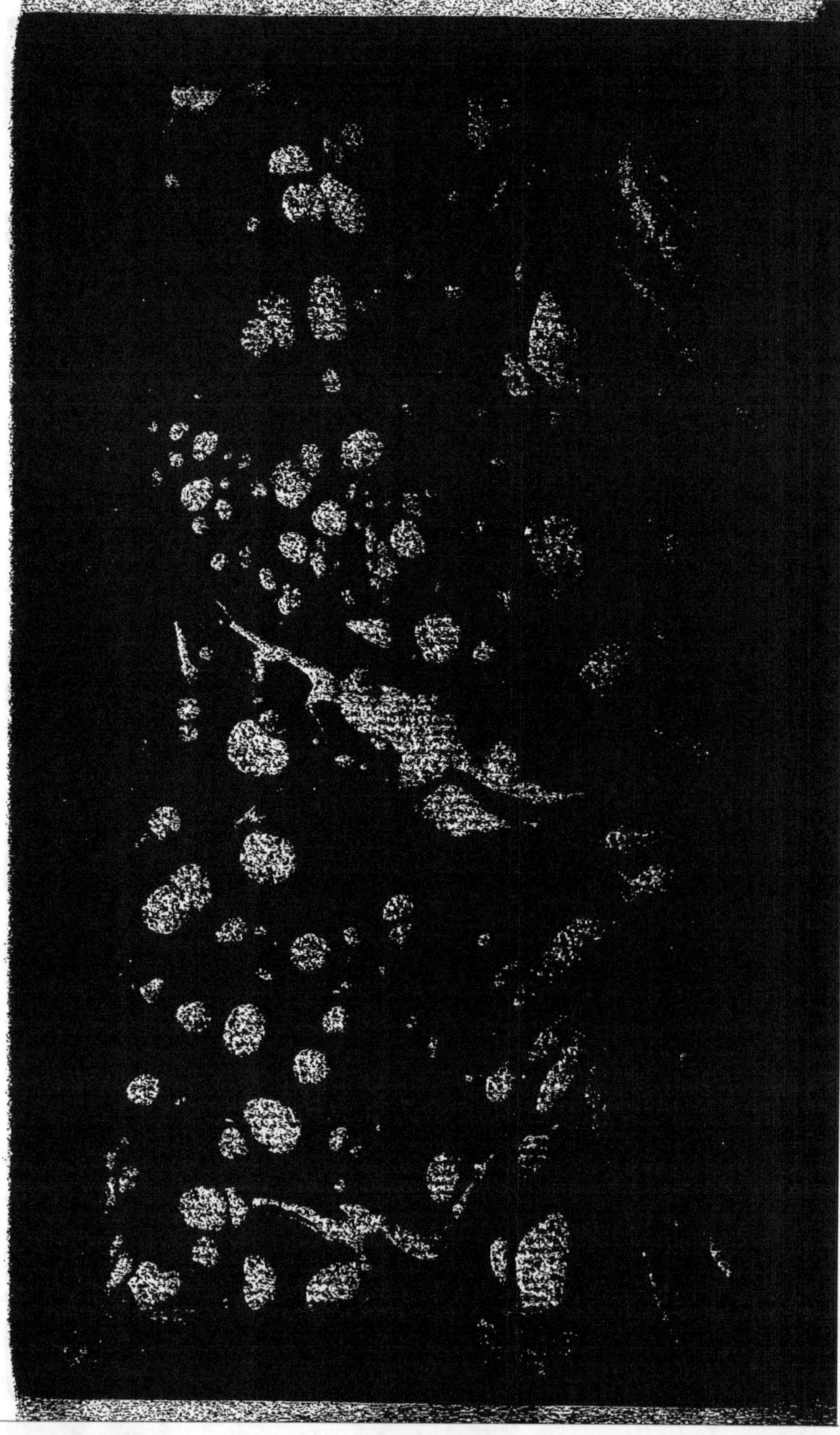

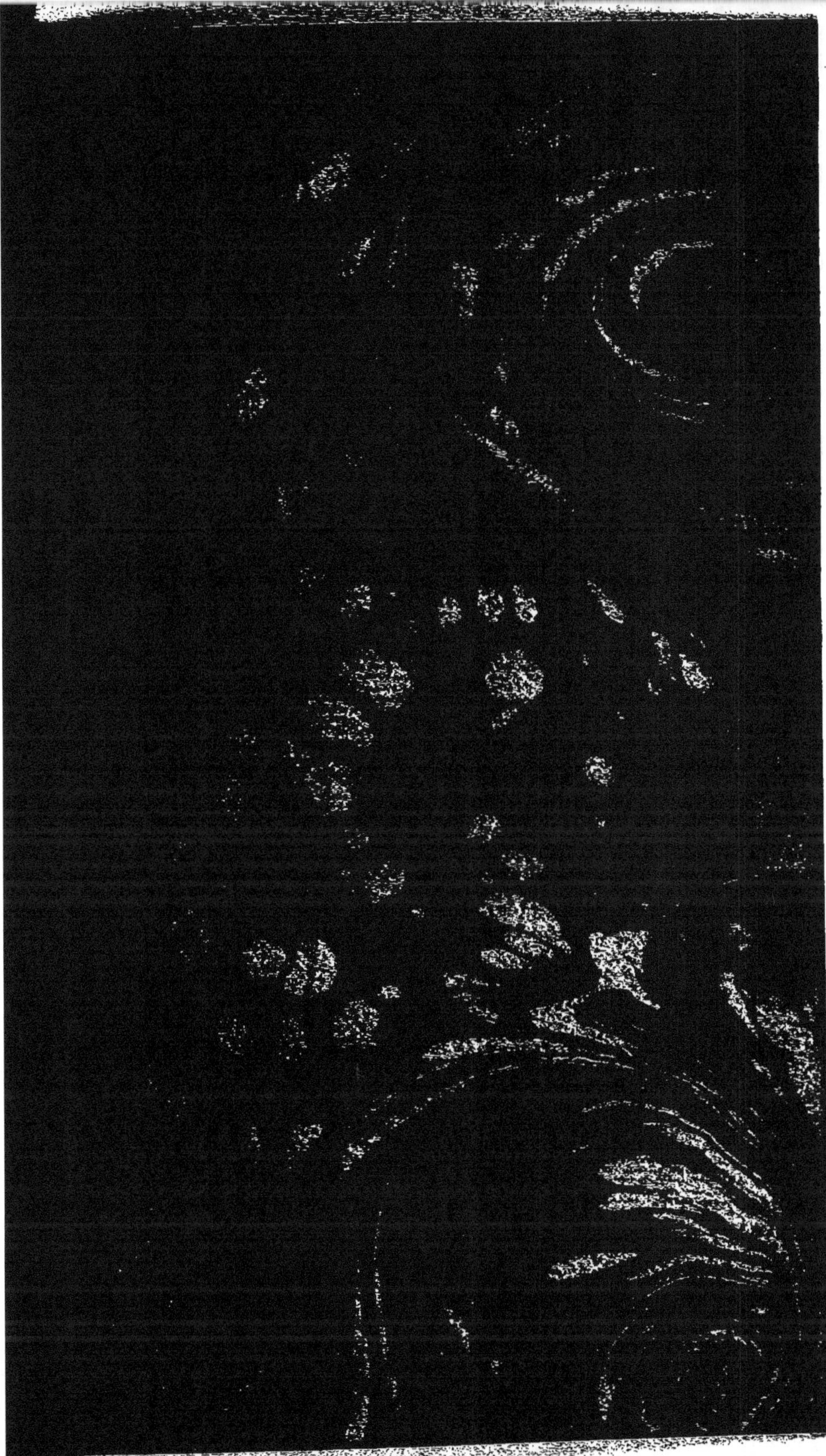

HISTOIRE
NATURELLE
DE L'AIR
ET
DES MÉTÉORES.

HISTOIRE
NATURELLE
DE L'AIR
ET
DES MÉTÉORES,
Par M. l'Abbé RICHARD.

TOME DIXIEME.

A PARIS,

Chez SAILLANT & NYON, Libraires,
rue Saint-Jean-de-Beauvais.

M. DCC. LXXI.

Avec Approbation, & Privilège du Roi.

PRÉFACE.

LE météore brillant, dont nous allons donner l'histoire dans ce volume, quoique probablement aussi ancien que le monde, n'a été connu que fort tard. Les premiers auteurs de l'histoire naturelle, ou ne le connurent pas, ou le confondirent avec les autres feux qui s'allument dans l'air. Aristote, Sénèque, & Pline, l'ont désigné, mais sans se douter qu'il fût spécialement propre aux terres Polaires, sans connoître son origine ou sa matière. Les historiens, pendant une longue suite de siècles n'en ont parlé que comme d'un signe extraordinaire qui paroiſſoit au ciel communément du côté du ſeptentrion, & qui n'annonçoit que des malheurs. Tous les peuples en général le virent avec effroi : plus ſes phénomènes étoient brillans, plus ils en étoient conſternés. Gaſſendi fut le premier des philoſophes modernes, qui rapporta ce météore à l'atmoſphère des terres voiſines du nord, comme à ſon lieu propre d'origine. Il en regarda la cauſe comme un jeu merveilleux de la nature, mais il ne l'indiqua pas ; la matière n'en étoit pas connue de ſon tems : il eſſaya ſeulement de détromper les hommes ſur les idées de crainte, que la ſuperſtition & le préjugé leur faiſoient concevoir à la vue de

ſes phénomènes. La reſſem-
blance de ce météore avec les
feux de l'aurore qui précède
le lever du ſoleil, l'engagèrent
à lui donner le nom d'*aurore
boréale* qui lui a été conſervé.
Le célèbre M. de Mairan a écrit
ſur ce ſujet, un traité hiſto-
rique & phyſique, trop connu
pour que nous nous arrêtions
ici à parler de ſon mérite. M.
l'Abbé Conti, noble Vénitien,
a auſſi donné en Italien quelques réflexions ſur l'aurore
boréale. On a fait depuis des
expériences & des obſervations, pour acquérir une connoiſſance plus exacte des cauſes & de la matière de ce météore, qui rend quelquefois le
ſpectacle du ciel ſi magnifique
& ſi intéreſſant. Nous avons
réuni ces obſervations, nous
les avons comparées entr'elles,

nous y avons joint nos obſervations particulières : C'eſt avec
ces ſecours, que nous avons
écrit l'hiſtoire de ce météore,
que l'on peut regarder comme
une des merveilles les plus
frappantes de la nature.

TABLE DES TITRES

DU TOME DIXIEME.

DISCOURS QUINZIEME.

SUR L'AURORE BORÉALE.

§. I. *I*DÉE générale & premier tableau des aurores boréales, page 1

§. II. *Essai sur les causes d'origine des aurores boréales,*   17

§. III. *Dispositions de l'air favorables à la formation des aurores boréales,*   34

§. IV. *Comment les Grecs & les Romains ont observé les aurores boréales. Observations faites à la Cnine,*   43

§. V. *Aurores boréales vues depuis*

x   TABLE.

le cinquième siècle de l'ère chrétienne, jusqu'au commencement du dix-septième,   84

§. VI. *Situation ordinaire des aurores boréales,*   114

§. VII. *Quelles sont les matières qui entrent dans la composition des aurores boréales;*   117

§. VIII. *Action & réaction des matières qui produisent les aurores boréales & causes de leurs phénomènes variés,*   126

§. IX. *Observations sur les aurores australes, & sur quelques modifications de la matière de ce météore vû dans tous les climats,*   138

§. X. *Causes de l'incendie de la matière des aurores; feux terrestres comparés aux feux aériens, & fluide électrique considérés relativement aux aurores,*   173

§. XI. *Récapitulation des articles précédens,*   200

§. XII. *Aurores boréales observées depuis 1621, jusqu'en 1726,* 242

§. XIII. *Suite des observations sur les aurores boréales, depuis 1726 jusqu'en 1731,* 259

§. XIV. *Aurores boréales observées de 1732 à 1770,* 293

§. XV. *Hauteur de l'atmosphère, à laquelle paroissent les aurores boréales,* 329

§. XVI. *Réflexions sur l'atmosphère solaire,* 355

§. XVII. *Hauteur de l'atmosphère terrestre, considérée relativement aux aurores boréales,* 363

§. XVIII. *Positions des aurores ; tems auquel elles se forment. Ordre observé dans l'apparence de leurs phénomènes,* 376

§. XIX. *Comment se forment les couronnes ou coupoles dans les aurores,* 396

xij   T A B L E.

§. XX. *Couleur des aurores boréa-*
les. Variations de l'état de
leur matière. Etat du ciel & de
l'air lorsqu'elles se forment, 408

§. XXI. *Diverses sortes d'aurores*
boréales,   426

§. XXII. *Ordre dans lequel les au-*
rores boréales peuvent être vues,
        435

Conclusions,   447

Fin de la Table.

HISTOIRE

HISTOIRE
NATURELLE
DE L'AIR
ET
DES MÉTÉORES.

DISCOURS QUINZIEME
SUR L'AURORE BORÉALE.

§. I.

Idée générale & premier tableau des aurores boréales.

Dans les régions Hyperboréennes, où des hivers qui ne finissent pas, tiennent continuellement la nature enchaînée sous des montagnes énormes de glaces & de neiges qui ne se fondent jamais; où la puissance de cette mère féconde ne fournit, à l'infatigable activité de leurs habitans, que quelques productions indigestes qui tiennent de l'âpreté du sol, & de la rigueur du climat. Dans ces contrées, où un froid inexprimable se fait sentir pendant une nuit qui dure plusieurs mois, réduit à une inaction forcée les hommes qui s'y trouvent enveloppés, & les habitue à chercher dans les profondeurs de la terre, une température où ils puissent respirer & vivre, un azile contre les fougues terribles des vents du nord, qu'ils tenteroient inutilement de se procurer à la surface de leurs campagnes hérissées de frimats: où les animaux les plus robustes ne résistent qu'à peine aux coups d'un froid mortel, & n'ont pas moins à souffrir des horreurs d'une famine extrême que

des attaques d'un air dévorant.
Dans cette triste saison où des ténèbres épaisses, jointes à la température la plus terrible, établissent dans toute la région inférieure de l'atmosphère, une inertie, un silence, qui donnent à ces pays l'air affreux du séjour de la mort; lorsque le fluide ignée terrestre, ce principe si actif de fécondité & de mouvement ne peut plus s'échapper à travers l'épaisse enveloppe de glaces dont la terre endurcie est couverte, & se répandre dans l'air: au milieu de toutes ces horreurs, le feu dans la région supérieure de l'air développe son activité, ranime l'espérance des peuples infortunés des terres Arctiques par les spectacles brillans qu'il leur donne, & par l'attente d'un sort plus supportable qu'il leur annonce. Il renouvelle pendant cette longue nuit, dans la vaste étendue du ciel visible, des feux d'une magnificence éclatante, dont les effets sont très-variés, & qui sont singulière-

A ij

ment réfervés à ces climats *(a)*.
C'eft-là que l'on peut obferver

(a) Les peuples du nord de l'Europe &
de l'Afie furent connus dans l'antiquité
fous le nom général d'*Hyperboréens*. Les
régions fituées fous le cercle polaire & au-
delà, étoient alors inconnues : l'ifle de
Thulé, que l'on croit être l'Iflande, étoit
regardée comme la borne de l'univers de
ce côté ; encore n'avoit-on fait que l'appercevoir. Car les montagnes les plus élevées de la Thrace, telles que le Rhodope
& l'Hémus, toujours couvertes de neiges,
paffèrent pour le lieu d'origine des vents
du nord. Quand la connoiffance de cette
partie du monde fe fut un peu étendue,
on reconnut que ces vents venoient de plus
loin ; on les fit fortir des monts Riphées,
de cette chaîne de montagnes qui s'étend
entre l'Europe & l'Afie, de l'eft au nord,
qui aboutit d'un côté à la mer Cafpienne,
& de l'autre à l'embouchure de l'Oby dans
la mer Glaciale. Les peuples fitués en-deça
de ces montagnes furent regardés comme
les plus infortunés de l'univers, forcés
d'habiter une terre maudite par la nature,
plongée dans des brumes épaiffes, expofée
au froid le plus rigoureux, & à la première impétuofité des aquilons naiffans...
Riphœi montes... pars mundi damnata à

les aurores boréales dans tout leur éclat. Ce météore admirable n'eft

---

natura rerum & denfa merfa caligine , neque in alio quam in rigoris opere, gelidifque aquilonis conceptaculis. Plin. hift. nat. lib. 4. cap. 12.

Mais par derrière les monts Riphées, au-delà du fiège des aquilons, étoient les peuples les plus heureux de l'univers, les vrais Hyperboréens, vivans fans chagrin, fans guerre, fans maladies, dans une région de la plus heureufe température, à l'abri de tous les vents nuifibles, où l'on ne s'occupoit qu'à paffer délicieufement fes jours, dans le culte que la nation rendoit en commun aux dieux dans les forêts & les petits bois facrés qu'elle habitoit; où les vieillards ne fouhaitoient la fin de leur vie, que parce qu'elle n'étoit plus propre aux plaifirs qu'ils avoient goûté autrefois. Fatigués d'habiter une efpèce de prifon qui leur devenoit à charge, au fortir d'un repas fomptueux, ils terminoient des jours paffés dans le luxe le plus délicat en fe précipitant du haut d'un rocher dans la mer; genre de fépulture qu'ils regardoient comme le couronnement de la félicité dans laquelle ils avoient vécu.... *Pone Riphæos montes, ultraque aquilorem; gens felix (fi credimus quos Hyperboreos appel-*

dans aucune autre région aussi bien caractérisé; la nature dans la pro-

---

lavere) annoso degit ævo, fabulosis cele-
brata miraculis. Ibi creduntur esse cardines
mundi extremique rerum ambitus. ... Regio
Aprica, felici temperie omni afflatu noxio
carens. Domus iis nemora, lucique, &
deorum cultus viritim, gregatimque : dif-
cordia ignota & ægritudo omnis. Mors non
nisi satietate vitæ, epulatis delibutisque
senibus luxu, ex quadam rupe in mare sa-
lientibus. Hoc genus sepultura beatissimum.
Plin. ub. fup.... On attribua les mêmes
prérogatives aux peuples qui demeuroient
tout-à-fait au nord de l'Asie, dont le climat étoit aussi fortuné que celui des Hyperboréens de l'Europe; on les plaça de
même dans des vallées délicieuses, séparées du reste de la terre par des montagnes. ... *Apricis ab omni noxio flatu*
seclusa (gens attacorum) collibus, qua
Hyperborei degunt temperie. Hist. natur.
lib. 6. cap. 17. On ne trouve plus la réalité de cette peinture dans les mœurs &
les usages des peuples des terres Arctiques, elle existe bien moins dans les climats rigoureux où ils vivent. Sur quels
fondemens les plus anciens écrivains
Grecs, que les Romains ont suivi, ont-ils
donc établi la fable de la beauté des ré-

duction de ce phénomène furpre-
nant, y déploie le fecret de fes

---

gions Hyperboréennes, & du bonheur
dont on y jouiffoit ? On ne peut pas conjecturer que ce foit fur quelques fituations
heureufes qui fe trouvent quelquefois le
long des fleuves qui coulent dans les mers
du nord, qui font encore fans fes habitans, & que l'on préfume avoir toujours
été abandonnées. Tous ces pays étoient
ignorés. Ce n'étoit donc que fur quelques
relations infidèles, fur le defir que quelques-uns des habitans de ces terres reculées
avoient de retourner dans leurs habitations
d'origine, dont quelqu'accident les avoit
écartés ; peut-être fur la béauté du fpectacle du ciel pendant la nuit, que l'on avoit
apperçue des extrémités feptentrionales
de la Thrace, & dont les feux éclatans
avoient étonné au point de faire croire,
qu'ils ne pouvoient éclairer que le plus
délicieux des climats. Ils pouvoient favoir
encore que la vie des habitans du nord
eft ordinairement plus longue que celle des
peuples du midi de l'Europe, & ils prolon-
gèrent la vie de ces Hyperboréens jufqu'à
mille ans ; encore fuppofèrent - ils qu'ils
la terminoient volontairement, ne pouvant plus jouir de fes agrémens. C'eft ainfi
que l'imagination vive & brillante des

opérations les plus merveilleuses,
avec une étendue, des détails, une

Grecs, sur les plus simples indications,
établissoit des faits chimériques, mais au
moins agréablement présentés. S'ils eussent
un peu mieux connu ces Hyperboréens,
sans doute qu'ils en eussent fait des dieux.
Les Romains qui puisèrent dans la my-
thologie des Grecs la plupart de leurs ori-
gines, ne se détachèrent pas de ces idées,
quelque imaginaires qu'elles dussent leur
paroître. Lorsqu'ils eurent quelque connoissance des peuples les plus septentrionaux, qu'ils nommèrent Arimphéens,
c'est-à-dire habitans en-deçà des monts
Riphées : ils vantèrent la douceur & la
simplicité de leurs mœurs, l'innocence de
leur vie, leur humanité, & l'accueil qu'ils
faisoient aux étrangers qui abordoient
parmi eux : mais il les comparèrent aux
Hyperboréens & les firent également habiter dans les bois, ne connoissant d'autres
loix, que celles de la nature... *Ibi Arym-*
phæos quosdam accepimus, haud dissimilem
Hyperboreis gentem: sedes illis nemora,
alimenta baccæ, capillus juxta feminis vi-
risque improbro existimatur : ritus clemen-
tes : itaque sacros haberi narrant inviolatos-
que esse etiam feris accolarum populis, nec
ipsos modo, sed illos etiam qui ad ipsos

forte de profusion, qui aide nos observations, & qui nous assure

---

perfugerint. . . . . Virgile les fait vivre sous terre, dans des antres, où ils coulent des jours heureux & tranquilles; habillés de peaux de bêtes féroces; occupés continuellement à chasser les rigueurs du froid par des feux qu'ils entretiennent avec des arbres entiers, ils passent les jours & les nuits à jouer & à boire une liqueur fermentée qu'ils composent avec du grain & des fruits sauvages. . . . .

(*a*) Ipsi in defossis specubus, secura, sub alta
Otia agunt terra, congestaque robora, totasque
Advolvere focis ulmos, ignique dedere.
Hîc noctem ludo ducunt, & pocula læti
Fermento atque acidis, imitantur vitea sorbis.

Georg. lib. 3.

Cette description s'approche plus de la vérité, & c'est ainsi que vivent la plupart des Lapons, des Samoïedes, des Eskimaux, chez lesquels on retrouve encore la même douceur de mœurs, de l'humanité, & beaucoup de coutumes semblables à celles des prétendus Hyperboréens; une franchise & une simplicité qui les mettent dans la

A v

du rapport que nous pouvons faire
des apparences de ce météore lorſ-

---

défiance des uſages & des manières des
navigateurs Européens, dont il eſt probable qu'ils ont reçu quelque traitement in-
juſte, puiſqu'ils ne permettent pas qu'ils
pénètrent juſqu'à leurs habitations principales. Mais ce dont on ne retrouve pas
la moindre trace, c'eſt de cette vie délicieuſe, de ce luxe, de ces fêtes, de ces
feſtins dans leſquels les vieillards terminoient volontairement une vie qu'ils
avoient paſſée de même. Il y a loin de
ces idées brillantes à la vie dure & frugale
des Groenlandiens & des Lapons, les fêtes
& les plaiſirs de ceux-ci, leur tambour
magique, ne donnent pas l'idée d'un
goût recherché pour le luxe & les agrémens de la vie. Si les anciens Grecs avoient
eu quelque connoiſſance des terres Auſtrales, on pourroit dire qu'ils auroient
pris ces images voluptueuſes dans les
mœurs des peuples heureux de l'iſle de
Taïti. Une ſimple conjecture nous a mené
un peu loin, mais elle tient à notre ſujet
en général, & nous ajouterons encore que
ſi c'eſt la beauté des aurores boréales qui
fit imaginer aux Grecs que la vie des Hyperboréens étoit auſſi délicieuſe qu'ils l'ont
repréſentée : nous verrons dans la ſuite

qu'il se présente dans notre atmosphère, avec ce que les relations
des terres boréales nous en apprennent.

Il est donc à propos qu'une expo-
sition détaillée de ce phénomène
précède les réflexions que l'on peut
faire sur ses causes, & nous n'en
trouverons aucune sur l'exactitude
de laquelle on doive plus compter,
que celle qu'ont publiée les académiciens qui allèrent au nord en
1736, pour déterminer la figure
de la terre.

C'est particulièrement dans le
mois de janvier qu'ils virent les
plus belles aurores boréales. On
doit se rappeller ici ce que nous
avons dit de la température rigoureuse qui règne à Torneo, & dans
le reste de la Laponie pendant l'hi-

---

que le même phénomène inspira des idées
bien différentes aux Romains, & aux
autres nations de l'Europe, chez lesquelles
il se montre le plus souvent.

ver (*a*). La face de la nature, au moins à la superficie de la terre, ne s'y présente que sous l'aspect le plus effrayant, dans un froid auquel les hommes les plus robustes paroissent à peine capables de résister.

« Mais si la terre est horrible
» alors dans ces climats, le ciel
» présente aux yeux les plus char-
» mans spectacles. Dès que les nuits
» commencent à être obscures, des
» feux de mille couleurs & de mille
» figures éclairent le ciel, & sem-
» blent vouloir dédommager cette
» terre accoutumée à être éclairée
» continuellement, de l'absence
» du soleil qui la quitte. Ces feux
» dans ces pays n'ont point de si-
» tuation constante, comme dans
» nos pays méridionaux; quoiqu'on
» voie souvent un arc d'une lu-
» mière fixe vers le nord; ils sem-
» blent cependant le plus souvent

(*a*) *V. le tom.* 3. *disc.* 4. §. 1.

» occuper indifféremment tout le
» ciel. Ils commencent quelque-
» fois par former une grande
» écharpe d'une lumière claire &
» mobile qui a ses extrémités dans
» l'horison, & qui parcourt rapi-
» dement les cieux, par un mou-
» vement semblable à celui du filet
» des pêcheurs, conservant dans ce
» mouvement assez sensiblement
» la direction perpendiculaire au
» méridien. Le plus souvent après
» ces préludes, toutes ces lumières
» viennent se réunir vers le zénith,
» où elles forment le sommet d'une
» espèce de couronne. Souvent des
» arcs semblables à ceux que nous
» voyons en France vers le nord,
» se trouvent situés vers le midi,
» souvent il s'en trouve vers le nord
» & vers le midi tout ensemble :
» leurs sommets s'approchent pen-
» dant que leurs extrémités s'éloi-
» gnent en descendant vers l'ho-
» rison. J'en ai vu d'ainsi opposés
» dont les sommets se touchoient
» presqu'au zénith : les uns & les

» autres ont souvent au-delà plu-
» sieurs arcs concentriques. Ils ont
» tous leurs sommets vers la direc-
» tion du méridien; avec cepen-
» dant quelque déclinaison occiden-
» tale qui ne m'a pas paru toujours
» la même, & qui est quelquefois
» insensible. Quelques-uns de ces
» arcs après avoir eu leur plus gran-
» de largeur au-dessus de l'horison,
» se resserrent en s'en approchant,
» & forment au-dessus plus de la
» moitié d'une grande ellipse. On
» ne finiroit pas si l'on vouloit dire
» toutes les figures que prennent
» ces lumières, ni tous les mouve-
» mens qui les agitent. Leur mou-
» vement le plus ordinaire les fait
» ressembler à des drapeaux que l'on
» feroit voltiger dans l'air, & par
» les nuances des couleurs dont
» elles sont teintes, on les prendroit
» pour de vastes bandes de ces taf-
» fetas que nous appellons flambés.
» Quelquefois elles tapissent quel-
» ques endroits du ciel d'écarlate.
» Je vis un jour à Ofwer Torneo,

» (c'étoit le 18 décembre) un fpec-
» tacle de cette efpèce qui attira
» mon admiration, malgré tous
» ceux auxquels j'étois accoutumé.
» On voyoit vers le midi, une
» grande région du ciel teinte d'un
» rouge fi vif, qu'il fembloit que
» toute la conftellation d'Orion fût
» trempée dans du fang : cette lu-
» mière fixe d'abord, devint bien-
» tôt mobile, & après avoir pris
» d'autres couleurs de violet & de
» bleu, elle forma un dôme dont
» le fommet étoit peu éloigné du
» zénith vers le fud-oueft : le plus
» beau clair de lune n'effaçoit rien
» de ce fpectacle. Je n'ai vu que
» deux de ces lumières rouges, qui
» font rares dans ce pays, où il y
» en a de tant de couleurs, & on
» les y craint comme le figne de
» quelque grand malheur. Enfin
» lorfqu'on voit ces phénomènes,
» on ne peut s'étonner que ceux
» qui les regardent avec d'autres
» yeux que les philofophes, y
» voient des chars enflammés, des

» armées combattantes, & mille
» autres prodiges (a) ».

C'eſt ſous ces apparences que ſe montrent les feux qui brillent dans le haut de l'atmoſphère, pendant cette longue nuit qui règne ſur les pays ſitués dans la zone glaciale. On voit raſſemblées, dans le tableau que nous venons de copier, toutes les variétés des aurores boréales, que nous n'avons ordinairement que par partie dans nos climats. C'eſt ſur cette obſervation lumineuſe que déſormais nous réglerons les nôtres, pour juger de la perfection des aurores boréales dont nous aurons à parler dans la ſuite de ce diſcours.

(a) *Figure de la terre déterminée, &c.* in-8°. *Paris,* 1738. *pag.* 60.

§. II.

Essai sur les causes d'origine des aurores boréales.

Pour découvrir l'origine des aurores boréales, ne devons-nous pas
examiner, avant que d'aller plus
loin, si dans ce que l'on nous rapporte des régions voisines du pole,
il n'y a pas quelque phénomène
général, dominant, d'où les autres
dépendent en quelque sorte, &
dans lequel nous trouvions un rapport immédiat avec l'effet que nous
nous proposons d'examiner ?

C'est donc dans les relations des
voyages faits au nord, que nous
devons chercher les connoissances
particulières, relatives à cette matière inflammable, si souvent répandue dans cette partie de l'atmosphère qui s'étend au-dessus des
terres Arctiques, dont la raréfaction & l'incendie produisent ces
effets singuliers de lumière, dont

nous venons de donner une si belle idée.

On a remarqué qu'en général les terres les plus septentrionales de l'univers font remplies par-tout d'une matière sulfureuse & nitreuse, dont les émanations se font remarquer sensiblement. Ce que l'on peut rapporter, soit aux mines qui sont cachées dans leurs entrailles, soit à la quantité de neiges dont elles sont presque toujours couvertes, & desquelles d'habiles chymistes prétendent que l'on peut extraire un soufre, & une huile inflammable.

La mine abondante qui fournit à l'entretien des flammes que vomit presque continuellement le volcan d'Hécla en Islande, a différentes branches qui se répandent dans toute l'étendue de l'isle, & qui contribuent à la production des tourbes ou gazons bitumineux dont les habitans de cette isle se servent pour se chauffer. On y voit plusieurs fontaines chaudes, qui, à leur source, & aux endroits où elles tombent en cascade, laissent des dépôts du soufre qu'elles charrient : leurs eaux sont épaisses & presque aussi nourrissantes que la bière. La plupart des lacs de cette isle fument toujours, & par-tout on y voit pendant la nuit des feux follets qui sont emportés par les vents à peu de distance de la terre. Cette isle est située sous le cercle polaire, arctique, & sous le premier méridien.

On trouve de même dans les provinces les plus septentrionales de la Suède, dans les montagnes de la Laponie, au milieu des glaces & des neiges, & dans le tems du froid le plus rigoureux, des lacs qui ne gèlent jamais, & dont les eaux sont fort échauffées à en juger par la fumée qu'elles rendent. Ce même phénomène se fait remarquer dans quelques-unes des grandes rivières de la Russie septentrionale & de la Sibérie. Comme leur surface glacée présente aux traî-

neaux une route égale & unie, lorfqu'elle eft couverte de neige, &
que l'on y paffe de préférence aux
terres; on trouve le long du lit
de ces rivières des trous, au-deffus defquels la glace ne fe forme
jamais, & d'où il fort une fumée
qui les fait remarquer de loin, &
avertit les voyageurs de fe détourner de ces efpèces de puits où ils
fe précipiteroient. Les gens du
pays ont foin de les marquer avec
des branches d'arbres qu'ils fixent
dans la neige ou dans la glace.

Sur les côtes du détroit de Wei-
gats on voit des campagnes couvertes
de fleurs colorées & odoriférantes;
ce que l'on ne peut attribuer qu'au
fluide fulfureux qui les teint, s'évapore en partie dans les airs, fe fixe
en partie ou dans la fubftance condenfée de ces herbes que l'on trouve
fur les mêmes côtes, & qui reffemblent à la tourbe que l'on brûle en Hollande, ou s'atténue affez pour former
ce fluide fubtil, gras & bitumineux,
qui pénètre & coule dans les mers

glaciales, y nourrit & engraiffe les baleines & les autres grands poif-fons, dont elles font peuplées, & devient le premier principe de cette huile inflammable que l'on tire en fi grande quantité de ces poiffons.

Il femble même que l'on ne doive rapporter qu'au mouvement de ce fluide fulfureux, la chaleur interne qui conferve à l'eau fon mouvement & fa fluidité, fous les neiges les plus abondantes, & les glaces les plus épaiffes, à la plus grande pro-fondeur. Il empêche que le froid ne parvienne à fon dernier degré: il eft le premier mobile de la végé-tation, du fentiment, de la vie, des plantes, des oifeaux, des qua-drupèdes qui vivent & multiplient dans ces climats horribles; de l'exif-tence du peu d'habitans que l'on y trouve, & même des Européens qui vont tous les ans à la pêche de la baleine, & qui fouvent furpris par les glaces, ont tant de peine à réfifter au froid de l'hiver de ces régions.

On trouve sous les montagnes
du Groenland, couvertes de neiges
& de glaces éternelles, des souterrains où brûle le feu le plus vif : &
les Lapons les plus septentrionaux
ont des fontaines si chaudes, qu'ils
ne peuvent pas en supporter l'ardeur
même dans les hivers les plus rigoureux.

Dans le Spitzberg, le pays de
notre hémisphère le plus voisin du
pole arctique, dont les côtes sont
presque par-tout hérissées de rochers d'une hauteur démesurée, &
d'un seul bloc : ces rochers du fond
des précipices d'où ils s'élèvent
jusqu'à leur sommet, rendent par-
tout une odeur agréable, aussi forte
que celle que rendent au printems
les prairies couvertes de fleurs, dans
nos régions tempérées. Il sort même de ces rochers une liqueur rouge
qui teint la neige sur laquelle elle
se répand, & que l'on peut regarder comme une huile essentielle de
soufre, odoriférante & très-atténuée. Malgré la rigueur de la tem-

pérature, ces rochers sont peuplés d'une quantité d'oiseaux qui y pondent & couvent leurs œufs, au milieu des glaces & des neiges qui les environnent, ce qui annonce une chaleur réelle & constante, occasionnée par le fluide sulfureux qui s'exhale de toutes parts de ces masses en apparence si solides, & même des neiges dont elles sont couvertes. Car il ne suffiroit pas qu'il y eût des mines de soufre cachées dans les entrailles de la terre, si elles ne se résolvoient pas en exhalaisons subtiles, qui se répandant dans l'air, y établissent le mouvement dont elles sont agitées, portent à l'odorat les causes de la sensation dont il est affecté, & conservent aux humeurs des animaux leur fluidité & leur chaleur.

La cause de la résolution des soufres & de leur raréfaction, est l'action du fluide ignée terrestre, qui s'échappe à une assez grande profondeur de la terre, par les fentes des rochers, & qui est secondée

par la longue préfence du foleil fur
l'horifon, où il refte continuellement pendant quatre mois. Ses
rayons quoique fort languiffans, à
raifon de leur obliquité, & de la
diftance du tropique au cercle polaire & bien encore au-delà, aug-
mentent de force en fe réuniffant
& en dirigeant conftamment leur
action fur les mêmes points. Cependant ils font moins le principe
que la caufe occafionnelle de la
chaleur que l'on reffent dans ces
climats, en ce qu'ils condenfent
d'abord les exhalaifons fulfureufes,
le feul principe de la chaleur qui
y exifte, les mettent enfuite en
folution, les raréfient, les exaltent
& leur facilitent les moyens de fe
difperfer, dans une atmofphère
prefque toujours épaiffie par des
vapeurs froides & humides.

Ces caufes combinées de chaleur
font fi actives, que lorfque les
rayons du foleil fe réfléchiffent entre les rochers qui bordent quelques petites plaines qui fe trouvent

dans

dans la Norvège la plus avancée
au nord; dans le court espace des
mois de juin, juillet & août, les
peuplent labourent, sèment & re-
cueillent deux fois des grains qui
sont à leur parfaite maturité, tant
le principe de fécondation répandu
sur les terres par les neiges abondantes qui y ont séjourné près de
huit mois est actif, quand il est
échauffé par le soleil. Or ce principe ne peut être autre chose qu'un
fluide sulfureux dont ces terres sont
pénétrées à une grande profondeur.
Mais il faut, dans ces régions,
comme par-tout ailleurs, que l'ordre régulier des saisons facilite ce
développement. Si les vents d'ouest
y amènent des nuages humides,
qui interceptent l'action du soleil,
& contribuent à l'épaississement de
l'atmosphère inférieure, par la quantité surabondante de vapeurs qu'ils
y répandent : alors au lieu d'un été
brillant, sec & aussi chaud qu'il
puisse être dans ces climats, on n'a
plus qu'une triste intempérie, en-

tretenue par une humidité mal-
faine, & des frimats qui prolon-
geant l'hiver au-delà de fes bornes,
ne permettent pas que l'on s'apperçoive des douceurs de l'été : on ne
fait point de récolte; la violence
des vents rend les mers imprati-
cables, & la pêche de la baleine
ne peut fe faire, ou elle produit
fi peu qu'elle n'eft d'aucune utilité.

Dans les mers qui baignent les côtes du Spitzberg, dans le détroit de
Weigatz, formé par cette pointe de
terre qui s'étend du midi au nord
entre l'Obi, la mer glaciale, & la
nouvelle Zemble; les rayons du foleil réfléchis aux mois de juillet &
d'août par les rochers & les terres
hautes qui bordent ces différens parages, excitent une telle chaleur, que
le goudron des vaiffeaux s'y fond.
Il faut obferver que ces régions font
bien au-delà du cercle polaire, &
font comprifes entre le foixante-
dixième & le quatre-vingtième degré de latitude boréale. Les contrées

fituées en deça du foixante-dixième
au foixantième degré de latitude,
participent plus ou moins à cette
chaleur produite par les rayons du
foleil réfléchis par des montagnes
& des côtes élevées, qui font pour
ces pays autant de miroirs ardents,
où les rayons fe réuniffent & vont
frapper de-là à certains points, où
ils forment un foyer commun & un
centre de mouvement, qui fe communiquant de proche en proche,
fe répand au loin par le choc mutuel des exhalaifons fulfureufes,
extrêmement agitées, & portées à
un haut degré de raréfaction.

Il faut remarquer encore que la
plus grande partie des végétaux
qui croiffent dans ces terres glaciales, font impregnés d'une telle
quantité de matière bitumineufe &
fulfureufe, qu'ils brûlent comme
des flambeaux, & fervent à éclairer
dans les longues nuits de l'hiver.
On y trouve des efpèces de joncs
hauts d'environ deux pieds qui fortent en touffe de la même racine,

& croissent droites & unies. On coupe ces plantes fort près de terre, on les allume même lorsqu'elles sont vertes, & non-seulement elles donnent autant de lumière qu'un flambeau, mais elles brûlent de même jusqu'au bout, sans autre soin pour ceux qui les emploient à s'éclairer, que d'en séparer le petit charbon qui se forme au-dessus, pendant qu'elles brûlent ; les racines de ces plantes, & celles de quantité d'autres de même qualité, se convertissent en tourbe, à mesure qu'elles se pourrissent.

Voilà ce que nous apprennent les relations des voyageurs au nord sur la température des climats qu'ils ont reconnus. Mais ces observations ne suffisent pas pour déterminer où est le plus grand degré de chaleur, & où il se fait une évaporation plus forte de la matière sulfureuse. Sera-ce entre les hauts rochers du Spitzberg, ou entre les côtes élevées du détroit de Weigatz & de la nouvelle Zemble ?

C'eft-là, au moins, que dans les mers du nord on éprouve ces accidens finguliers de chaleur, qui furprennent toujours dans des climats auffi reculés, & continuellement hériffés de neiges & de glaces. Ce ne peut être que dans des terreins auffi inégaux : car plus le pays eft plat, moins il y a de réflexion & de chaleur. Il femble même que les émanations du fluide ignée terreftre y foient moins abondantes. Elles ne trouvent pas dans les plaines glaciales, les mêmes facilités à fe répandre dans l'air, que leurs fourniffent les rochers, de la bafe defquels elles s'élèvent jufqu'aux fommets, par les fentes qu'elles trouvent ouvertes. Le voifinage des montagnes font les feuls endroits habitables de l'intérieur des terres glaciales : c'eft-là que les Eskimaux, les Samoïedes & d'autres peuples qui vivent dans les terres les plus feptentrionales de l'Afie & de l'Amérique, fixent leurs demeures habituelles : ils y trou-

vent une température moins rigou-
reuſe que dans les plaines ouvertes,
ou ſur les rivages de la mer.

En comparant les températures
diverſes entr'elles, on avoit jugé
par la rigueur du froid que l'on
éprouve au milieu des glaces dont
ſont bordées les côtes du Groenland
& de la nouvelle Zemble, que dans
le voiſinage du pole, aux environs
du quatre-vingt-dixième degré, le
froid devoit être inſupportable.
Mais on a découvert depuis que
les mers y étoient plus ouvertes,
que l'on y jouiſſoit d'une température plus douce, & que l'on y trouvoit moins de glaces & de neiges,
à cauſe de l'éloignement de ces
mers du continent, & des grands
fleuves du nord qui charrient continuellement des glaces qui s'accumulent & forment près des côtes,
des maſſes énormes, qui ſubſiſtent
des ſiècles entiers, avant que le
mouvement de la mer & les vents
les aient fait paſſer dans des
climats plus doux, où elles vien-

nent apporter le froid des régions où elles se sont formées, avant que de se fondre.

Les mers du pole Arctique ont donc paru plus navigables que celles du Groenland, de la nouvelle Zemble, & celles qui s'étendent de l'ouest à l'est de l'Asie par le nord. Cependant on doute que les isles & les terres que l'on y a reconnues soient habitées, & même puissent être fertilisées. Il y règne une brume presque continuelle, sans doute plus contraire aux progrès de la végétation & à la vie des animaux, que les neiges & les glaces du Groenland & des autres terres Arctiques. On ne peut donc former que des conjectures à ce sujet, & il paroît fort difficile de déterminer à quel point de ces régions on doit fixer le mouvement du fluide sulfureux qui y domine, & que nous croyons pouvoir regarder comme l'agent principal dans la génération des aurores boréales.

Ce que l'expérience nous apprend

de plus général , & que l'on peut appliquer à ce cas particulier , c'est que les esprits sulfureux étant de leur nature très-volatils , & pouvant se séparer très aisément des corps, ils sont mis en mouvement par l'action continuée des rayons du soleil qui les détachent, les expriment des végétaux , des animaux , des fossiles mêmes, les subtilisent & les raréfient. Alors la pression de l'air où ils se trouvent confondus, secondant la direction qui leur a été donnée par l'action combinée du fluide ignée terrestre & du soleil, les porte & les répand dans toute la région supérieure de l'atmosphère, où ils s'élèvent en raison de leur ténuité & de leur état de raréfaction. C'est pour cela que les exhalaisons sulfureuses qui sortent des terres & des mers voisines du pole, se portent beaucoup plus haut qu'en tout autre climat, tant par rapport à la hauteur des terres, qu'à leur grande ténuité, au degré de raréfaction dont elles font fufceptibles, & à la denfité de l'air inférieur.

Jamais ces régions ne font infeftées par les orages & les foudres qui dévaftent fi fouvent des climats plus tempérés. La caufe en eft que les vapeurs fulfureufes font toujours trop atténuées & dans un état continuel de raréfaction, & que l'action des rayons folaires y eft foible & lente. Le fluide ignée y eft pour ainfi dire la feule caufe du mouvement & de la chaleur : c'eft fa combinaifon avec un air épais qui produit les vents impétueux & de tourbillon qui fe font fentir dans les mers du nord. Le foleil qui éclaire pendant plufieurs mois de fuite l'horifon, au détroit de Weigatz & dans les contrées voifines, ne rend jamais qu'une lumière pâle & foible ; fon difque eft fphérique comme celui de la lune ; on peut le fixer impunément, & fes rayons obliques ne caufent point ces éblouiffemens qui font une fuite de leur vive action fur l'organe de la vue & de la qualité des vapeurs qui les rapprochent, les réfléchiſſent & en redoublent la force. Dans les terres polaires le peu de vapeurs qui s'élèvent dans le haut de l'atmoſphère, n'oppoſent preſque aucune réſiſtance aux rayons de la lumière qui les pénètrent, ſans éprouver ni réflexions ni réfractions, & ſes bandes inférieures toujours condenſées éteignent en quelque manière ce feu, cet éclat qui acompagnent la lumière du ſoleil dans des régions plus tempérées.

§. III.

Diſpoſitions de l'air favorables à la formation des aurores boréales.

La groſſièreté de l'air qui couvre les terres ſeptentrionales, ſa denſité habituelle, doivent favoriſer l'amas qui s'y fait de la matière inflammable plutôt que par-tout ailleurs, l'y réunir, & l'y rendre plus visible. Plus cet air est épais & grossier, plus la matière de l'aurore s'étend dans la région supérieure de l'atmosphère, par la résistance même qu'elle trouve à s'étendre du côté du nord. Ajoutons encore que l'homogénéité des matières dont l'air peut être chargé en quelques circonstances, favorise la propagation de la lumière de l'aurore boréale & de ses phénomènes variés, qui deviennent alors très-sensibles jusque dans notre zone tempérée, & qui s'y font remarquer avec autant d'avantage que dans les climats les plus septentrionaux : plusieurs observations nous prouveront que ce phénomène s'y forme, quoique sa tendance soit constamment déterminée au nord.

Les grandes réfractions que les astres souffrent relativement aux terres polaires, prouvent que leur atmosphère est modifiée différemment de celle des zones tempérées.

Fréderic Martens de Hambourg, dans la relation de son voyage au Groenland & au Spitzberg, nous donne une idée de cette disposition de l'air (a). Il y a , dit-il , dans le Spitzberg, environ au quatre-vingtième degré de latitude , sept grandes montagnes de glace , toutes dans une même ligne & entre de hauts rochers , elles paroissent d'un beau bleu aussi bien que la neige. Il y avoit des nuages autour & vers le milieu de ces montagnes. Audessus de ces nuages la neige étoit fort lumineuse, les pointes des rochers paroissoient tout en feu , & tandis que le soleil n'y donnoit qu'une lueur pâle & très-douce, la neige réfléchissoit au contraire une lumière si vive, qu'à peine on pouvoit la soutenir. Dans les parages où la mer est glacée, on voit audessus dans le ciel une clarté blanchâtre comme celle du soleil, d'où

(a) *Recueil des voyages au nord* , tom. 2.

l'on peut connoître où la glace est ferme & immobile. Mais à quelque distance de-là l'air paroît bleu & noirâtre : la poussière des petits glaçons ou de la neige répandue dans l'air ou autour des montagnes, y produit de fréquens parélies, des espèces d'arcs-en-ciel & plusieurs autres phénomènes très-analogues aux lieux & aux circonstances dont il vient d'être fait mention.

On conçoit que toutes ces matières répandues dans l'atmosphère des poles, doivent y rendre l'air plus dense & plus pesant : il doit par son poids faire monter plus haut les exhalaisons legères, sulfureuses, nitreuses, métalliques, toutes celles enfin qui font le plus propres à s'enflammer, & qui à raison du froid de ces climats, peuvent former un assez grand amas, avant qu'elles entrent en fermentation & qu'elles s'allument. Si l'on suppose donc autour du pole, un pareil amas de matières, qui, parce qu'il prend né-

ceſſairement la figure de l'atmoſphère, formera une zone ſphérique dont le pole ſera le ſommet;
on lui concevra une étendue plus
ou moins grande, qui ſera déterminée par les obſervations.

Si ces exhalaiſons accumulées
prennent feu, ſi les flammes ſortent
tant par la partie inférieure de la
zone, que par la partie ſupérieure,
les habitans du pole verront ſur
leurs têtes pendant la nuit une lumière & des éclairs ſemblables à
ceux qui accompagnent nos tonnerres d'été. Mais ſi ce phénomène
demeurant le même, le ſpectateur
s'éloigne du pole, il verra le ſommet de la zone s'abaiſſer toujours
vers l'horiſon; & la zone ſphérique
qu'il voyoit entière, ne lui paroî-
tra plus que comme un arc, ou
plutôt une zone circulaire, qui
aura ſon point du milieu plus élevé,
& ſes deux extrémités appuyées ſur
l'horiſon. L'aire apparente de cette
zone circulaire ſera d'un certain
degré d'obſcurité, à cauſe de la

quantité d'exhalaisons qui y sont comme entassées (a).

On ne doit cependant pas inférer de ce que nous venons de dire, qu'il est nécessaire que le sommet de la zone soit au pole : un amas fortuit d'exhalaisons n'est pas sujet à tant de régularité. Mais du moins il faut concevoir qu'ordinairement il se forme dans une région septentrionale de l'atmosphère : puisque suivant toutes les observations le fort de la lumière, & la plus grande hauteur de la base obscure d'où elle sort le plus souvent, sont toujours vers le nord.

Il se peut faire encore que l'incendie ayant commencé dans l'atmosphère septentrionale, il se communique à la nôtre, quand elle est dans les dispositions nécessaires à sa propagation, sans quoi le phénomène seroit trop éloigné, ou

------

(a) *Mém. de l'acad. des sciences,* année 1726. *pag.* 3.

deviendroit trop foible pour être
apperçu. Il est même possible que
nous ne voyons rien de l'origine
du phénomène, mais seulement
quelques feux qu'il vient allumer
dans les exhalaisons répandues au-
deſſus de nos têtes, telles sont ces
lueurs élatantes auxquelles nous
donnons le nom d'aurores boréales
& qui n'en sont que des parties,
ou plutôt des indications. Le 26
septembre 1769, entre sept & huit
heures du soir, nous vîmes sur les
montagnes de la Bourgogne septentrionale des bandes lumineuſes
blanches & rouges, qui se dé-
ployoient par intervalles du nord
à l'oueſt d'un mouvement fort rapide. Après qu'elles avoient dis-
paru, les places qu'elles avoient
occupées reſtoient empreintes d'une
lumière, tantôt rouge, tantôt blanche. Le même phénomène se re-
nouvelloit dans les mêmes places,
& paroiſſoit produit par des courans d'exhalaiſons qui partant de
l'horiſon du nord, se portoient

jusqu'au zénith, & même au-delà en s'approchant du midi. Ils suivoient la direction du vent qui pour lors étoit nord-ouest : il avoit été sud-ouest pendant le jour; le ciel avoit été fort couvert dans toute la matinée, & l'après-midi le soleil avoit paru par intervalles. Dans ce phénomène, il n'y eut point d'amas d'exhalaisons ou de segment obscur, d'où les jets lumineux se répandissent dans l'air.

Mais comme souvent nous avons occasion d'observer des aurores boréales, avec toutes les variétés de formes qu'elles ont dans les terres polaires, nous avons droit d'en conclurre que les modifications de l'air se trouvent les mêmes, dans les parties de l'atmosphère où elles paroissent, que dans les régions les plus voisines du pole. C'est ce que nous établirons dans la suite, après avoir d'abord recueilli les observations faites pendant une longue suite de siècles sur ce météore, pendant lesquels son origine enve-

loppée dans des ténèbres plus épaisses que celles du nuage obscur,
que le vulgaire consterné regardoit
comme un gouffre infernal d'où
sortoient des feux effrayans qui
n'annonçoient que des désastres,
ne permit pas à l'étude de la nature de s'élever assez pour en connoître les véritables causes. Quant
aux latitudes où l'on peut observer
ce phénomène, on peut les fixer
du quarante-cinquième degré au
quatre-vingt-dixième, quoiqu'il
résulte nécessairement des observations les plus anciennes qu'il
peut-être vu au trente-cinquième
degré.

§. IV.

Comment les Grecs & les Romains ont observé les aurores boréales. Observations faites à la Chine.

Le spectacle nocturne & brillant des aurores boréales frappa les anciens d'étonnement ; ils l'observèrent & le mirent au rang des météores ignées ou lumineux. Dabord ils ne le virent que comme l'expreſſion d'un accident arrivé à une de leurs divinités. Ils l'attribuèrent à la cauſe la plus ſingulière, à la fuite d'Electra, l'une des Pléïades, qui, déſeſpérée de la priſe de Troye par les Grecs, quitta la région du ciel qu'elle occupoit, & la place qu'elle tenoit dans la danſe de ſes ſœurs, pour aller ſe cacher derrière la grande Ourſe. Elles étoient ſept, dit Ovide, on n'en voit cependant que ſix, l'une d'el-

les, foit Electra, foit Mérope, fe
font retirées; la première de chagrin de la ruine de Troye, (Electra étoit grand-mère de Dardanus);
la feconde de honte d'avoir époufé
un mortel, tandis que fes autres
fœurs avoient été mariées à des
dieux (a). On plaçoit le tems de
la retraite de cette Pléïade, fous
le règne d'Ogygès, qui vivoit 1796
ans avant l'ère chrétienne. Un prodige fingulier qui parut alors au

---

(a) Pleïades incipiunt humeros relevare paternos
Quæ feptem dici, fex tamen effe folent.

. . . .

Septima mortali, Merope tibi, Sifyphe nupfit,
pœnitet & facti fola pudore latet;
Sive quod Electra Trojæ fpectare ruinas
Non tulit ante oculos, oppofuit que ma-
num.

Mars avoit époufé Afterope, Neptune
Alcione, le puiffant Jupiter Celæno,
Maïa, Electra, & Taygeté; & Mérope
le brigand Sifyphe; ce font les fept Pleïades, filles d'Atlas & de Pleïone. On n'en
voit que fix, nous avons dit pourquoi la
feptième a difparu.

ciel, & que fans doute on ne fe
fouvenoit pas d'avoir obfervé en
Grèce, & après lequel on ne vit
plus cette conftellation, annonça
qu'elle avoit difparu.

Hygin, contemporain d'Ovide,
après avoir apporté les mêmes raifons de la retraite d'Electra, y ajoute
des circonftances qui donnent lieu
de conjecturer que cette étoile ceffa
d'être vue à la fuite de quelque
grande aurore boréale; elle quitta
fes fœurs, dit-il, elle fe retira dans
le cercle Arctique, où depuis fi
long-tems on la voit baignée dans
fes larmes, fe montrer les cheveux
épars; cette conftellation, dit-il,
ne préfage que malheurs (a), & c'eft

(a) *Dicunt Electram non apparere, ideo
quod Pleïades exiftimentur choream ducere
ftellis, fed poftquam Troja fuit capta, &
progenies ejus, quæ à Dardano fuerat, fit
everfa, dolore permotam ab his fe remo-
viffe, & in circulo qui Arcticus dicitur conf-
titiffe, exquo tam longo tempore lamentan-
tem capillo fparfo videri.* (Aftron. poet.

sous cet aspect que les Romains considérèrent les aurores boréales, comme nous le dirons incessamment.

Avienus qui vint après dans sa paraphrase sur les phénomènes d'Aratus de Cilicie, peignant les couleurs & les formes sous lesquelles paroissoit Electra, dit qu'elle s'élève du sein des ondes

---

lib. 2.) Il ajoute plus bas qu'elle fut chassée du chœur de ses sœurs, à cause de la constance de son chagrin. . . *De choro sororum expulsam, mœrens solutum crinem gerit.* Les Grecs imaginèrent une autre raison de la fuite d'Electra, qu'Hygin, rapporte après eux. Le chasseur Orion qui avoit été si redoutable par ses brusques galanteries, aux nymphes les plus sages & aux déesses les plus sévères, au point même que la chaste Diane eut peine à s'échapper saine & sauve de ses mains; ayant été transporté au ciel à côté des Pléiades, il parut si formidable à cette Electra, que pour se soustraire à ses poursuites, elle quitta la compagnie de ses sœurs, & alla se cacher derrière la grande Ourse.

à la convexité du ciel, qu'on ne la
voit plus dans le chœur de ſes ſœurs,
mais qu'elle ne ſe montre que ſeule
& toute échevelée, le viſage ardent,
répandant dans l'air ſes cheveux
ſanguinolens, & une rougeur effrayante (*a*). Les circonſtances de
cette fable nous paroiſſent déſigner
aſſez clairement les apparences
d'une aurore qui ayant été vue
d'abord entre les conſtellations du
belier & du taureau, aux environs
des pleïades, traverſa la partie ſeptentrionale du ciel, & alla diſparoître vers le cercle Arctique. C'eſt

---

(*a*) Non nunquam occeani tamen iſtam ſurgere
    ab undis,
In convexa poli, ſed ſede carere ſororum,
Diffuſamque comas cerni, criniſque ſoluti
Monſtrare effigiem; diros hos fama cometas
Commemorat, triſti procul iſta ſurgere
    forma,
Vultum ardere, diam perfundere crinibus
    æthram,
Sanguine ſub pingui, rutiloque rubere cruore.
Avienus.

la marche que fuivent les grandes aurores, ainfi qu'on le verra prouvé dans la fuite par la defcription de celles qui ont été obfervées avec le plus de foin.

Mais d'où les Romains avoient-ils pris ces idées? des Grecs. La religion, chez ces peuples, employa plus que par-tout ailleurs les charmes du merveilleux pour enchanter & fubjuguer les efprits. Lorfqu'ils commencèrent à ouvrir les yeux fur les merveilles de la nature, la religion ayant alors parmi eux toute la ferveur de la nouveauté; ils virent tout s'animer fous leurs pas, autour d'eux, mais fur-tout dans le fpectacle du ciel : chaque objet prit pour eux l'exiftence qu'il plut aux poëtes de lui donner : ils fe crurent entourés de divinités; & tous les phénomènes de la nature, ou fe déifièrent à leurs yeux, ou furent l'expreffion des avantures arrivées à quelque divinité. Tout étant dieu pour eux, tout devint préfage, tout fut prodige. Il eft

aifé

aifé de reconnoître à ces traits la marche de l'ignorance & de la fu-perftition.

Si les fleuves, les bois, les mon-tagnes, les fruits mêmes de la terre prirent, à raifon de leur utilité, une exiftence divine ; que ne de-voient-ils pas penfer des fignes cé-leftes ? ils étoient bien plus éloignés de pouvoir en connoître les vérita-bles caufes, & ils en propofèrent de fictives, qui n'exiftèrent que dans la manière dont les phéno-mènes différens affectèrent leur imagination. Une aurore boréale vue de nuit, dans cette efpèce d'horreur qu'infpirent les ténèbres ; ces flammes de couleur différente, ces jets de feu qui s'élancent dans les airs d'un mouvement précipité, leur parurent heureufement caract-érifer la fuite d'une divinité dé-folée, qui va fe cacher loin de fes fœurs, occupées à réjouir les dieux par leurs danfes. Comme cette fuite avoit pour caufe un évènement fu-nefte, la deftruction de Troye, on

ne vit jamais sans effroi le phénomène qui en retraçoit l'idée, il ne
devoit annoncer que de nouveaux
malheurs. Ce fut ainsi qu'en pen-
sèrent tous les peuples dans une
longue suite de siècles, jusqu'à ce
que la connoissance des effets de la
nature, dans la génération de ce
météore, ait été bien développée.

D'autres peuples eurent des idées
encore plus singulières sur les causes
de l'aurore boréale. Quelques-uns
de ces phénomènes vus aux environs de l'Ida, la plus haute des
montagnes de la Mysie, (aujour-
d'hui Natolie) firent croire que le
soleil y paroissoit la nuit; à la vérité
dans une forme insolite. Il faut
remonter bien haut pour trouver
l'origine de cette tradition bisarre,
jusqu'aux tems où les peuples pen-
soient que le soleil se formoit tous
les jours à l'orient & se dissipoit à
l'occident. Voici ce que l'on en lit
dans Diodore de Sicile.

Il se passe quelque chose de très-
singulier à l'égard de cette monta-

gne (Ida); on dit qu'au lever de la canicule, la tranquillité de l'air est parfaite autour de sa pointe, comme étant beaucoup au-dessus de la portée des vents. Mais on apperçoit le soleil dès la nuit même, non pas à la vérité comme un globe de feu tel qu'il nous paroît dans le jour, mais comme jettant des flammes séparées les unes des autres, & qui semblent produites par des feux allumés séparément au pied du mont. Peu à peu tous ces feux se rassemblent en un seul qui forme une étendue de trois arpens. Enfin l'heure du jour étant arrivée, ce phénomène se réduit à la grandeur naturelle & ordinaire du soleil, qui continue & achève ainsi sa course (a).

Il faudroit avoir observé ce phénomène singulier, pour pouvoir rendre quelque raison de ses causes;

(a) *Diodore de Sicile*, *de la trad. de l'abbé Terrasson*, *liv.* 17. *tom.* 5. 1744.

mais tel qu'il est présenté par Diodore de Sicile, il ne paroît être
qu'une grande aurore boréale d'autant plus remarquable qu'on la
voyoit au-delà du quarantième degré de latitude.

Ce que nous venons de dire de
ce météore, peut être regardé comme une partie de son histoire fabu-
leuse : il est tems d'en venir à des
explications plus conformes aux
loix de la nature.

Aristote qui probablement l'a-
voit observé en Macédoine, région
plus froide & plus septentrionale
que l'Attique, peint ce phénomène sous des traits fort ressem-
blans à ceux sous lesquels il se reproduit de nos jours. Il en parle
comme d'une flamme mêlée de
fumée, un feu qui s'éteint & se
rallume alternativement; l'embrasement d'une plaine qui borde l'horison & dont on brûle le chaume : ce
sont de ces phénomènes qui ne paroissent que pendant la nuit & par
un tems serein. Ces feux, dit-il

encore, que l'on ne voit que dans
la région fupérieure de l'air, font
produits de la manière fuivante.
Le foleil par fa chaleur tire de la
terre quantité de matières très-
atténuées : fi elles font légères &
fèches, elles ont le nom d'exhalaifons : fi elles font chaudes & humides on les appelle vapeurs. Les
exhalaifons comme plus légères s'é-
lèvent davantage, & portées dans
la région fupérieure de l'air, elles
s'enflamment par leur mouvement
& le voifinage du feu.

Voilà tout le fond de la vieille
phyfique; lorfque l'on ne voyoit
encore la nature, & fur-tout les
phénomènes de l'air, qu'à travers
un voile très-obfcur. On ne con-
noiffoit ni la nature de l'air, ni fes
propriétés, on s'en tenoit à cet
ordre des élémens, la terre, l'eau,
l'air & le feu. Les parties les plus
atténuées de la terre & de l'eau,
traverfant l'air par la force du mouvement que le foleil leur avoit imprimé, s'élevoient à la région voi-

sine du feu, & s'enflammoient par la forte agitation qu'elles y éprouvoient.

De-là, dit Aristote, ces flammes brillantes, ces chèvres bondissantes, ces étoiles tombantes, & toutes les autres figures phantastiques qui apparoissent dans l'air: de-là ces variétés, telles que les gouffres ténébreux, les cercles alternativement lumineux & obscurs, la couleur de sang dont le ciel se teint, & toutes ces couleurs variées & changeantes, qui ne viennent que des différentes réflexions de la lumière, à travers les exhalaisons; quoique la couleur de pourpre y domine, parce qu'elle naît du mélange du feu avec les vapeurs (a).

On voit par le peu qu'Aristote dit de ce phénomène, combien il étoit bon observateur, ou que les mémoires sur lesquels cet habile naturaliste travailloit, étoient fort

---

(a) *Arist. metereolog. lib.* 1. *cap.* 4. & 5.

exacts. Il n'échappe aucun des phénomènes de l'aurore boréale ; il explique même affez bien la caufe de
la couleur rouge dominante ; il ne
lui manque que les termes qu'ont
employé ceux qui de nos jours ont
fuivi la carrière qu'il ouvroit, pour
s'expliquer avec autant de préci-
fion. Il eft même probable que s'il
employa quelques-unes des expref-
fions en ufage parmi le vulgaire,
ce ne fut que pour fe rendre plus
intelligible.

Car ce météore, quoiqu'il dût
être des fiècles entiers fans fe montrer en Grèce, eu égard à fa température & à fon éloignement du
pole, & qu'on ne le pût voir que
bas à l'horifon & tranquille, tel
qu'Ariftote nous le dépeint, n'eut
jamais rien, même dans fes phénomènes les plus éclatans, qui don-
nât la moindre frayeur aux Grecs,
ou leur fît concevoir ces idées fu-
neftes que nos pères fe formoient
à la vue de l'aurore boréale. C'étoit
felon les Grecs le confeil des dieux,

qui se tenoit sur le mont Olympe,
placé au nord-ouest de l'ancienne
Grèce. L'aurore boréale toujours
peu élevée à de pareilles latitudes;
sembloit comme adhérente au sommet de la montagne. L'arc lumineux & rayonnant étoit un signe
non équivoque de la présence des
dieux; le segment obscur, un nuage qui les cachoit aux yeux des
mortels; & les élancemens de lumière, des foudres qui partoient
des mains de Jupiter. Tout ce sys-
tême s'accordant alors avec la religion des peuples, ne souffroit pas
la moindre difficulté, & la rareté
du phénomène étoit une raison de
plus pour l'adopter. C'est peut-être
pour cette raison qu'Homère donne
à ses dieux le nom d'habitans de
l'Olympe.

Il s'en faut beaucoup que les Romains aient vu ce phénomène avec
autant de tranquillité que les Grecs:
leurs historiens n'en parlèrent que
relativement à des troubles, à des
révolutions, à des accidens funestes

dont ils le regardoient comme le précurseur. L'an 290 de Rome, la guerre contre les Volsques & les Eques, n'ayant pas d'heureux succès, & les armées Romaines étant batues de tous côtés, on vit le ciel ardent de feux extraordinaires; différens prodiges se présentèrent aux imaginations effrayées, que la situation actuelle des affaires rendoit encore plus formidables, qu'ils n'eussent paru en tout autre tems. Pour dissiper ces craintes, & détourner les malheurs que l'on croyoit devoir redouter, on ordonna des supplications publiques pendant trois jours, pendant lesquels on vit les temples des dieux remplis d'une multitude de tout sexe, qui leur demandoit la paix avec instance (a).

____

(*a*) *Cœlum visum est ardere plurimo igni : portentaque alia aut observata oculis, aut vanas exterritis ostentavere species. His avertendis terroribus, in triduum feriæ indicta; per quas omnia delubra, pacem*

Trois ans après, la guerre continuant encore, on vit de nouveaux feux briller dans l'air, mais les prodiges furent encore plus frappans; la terre trembla fortement; une vache parla, on n'en avoit rien voulu croire l'année précédente; il plut de la chair qu'une multitude d'oiseaux dévora en l'air avant qu'elle tombât jusqu'à terre (*a*). On voit dans ce récit de l'historien ce que la crédulité & l'effroi présentent à l'imagination du vulgaire ignorant; dans l'apparition de ces phénomènes extraordinaires, il n'a point d'idée des procédés de la nature dans leur génération; & faute

---

deûm expofcentium, virorum mulierumque turba implebantur. Tit. Liv. lib. 3. cap. 5. edit. Oxonienfis.

(*a*) *Eo anno cœlum ardere vifum, terra ingenti concuffa motu eft, bovem locutam, cui rei priore anno fides non fuerat. Creditum inter alia prodigia & carne pluit, quem imbrem ingens numerus avium, inter volitante rapuiffe fertur.* Ubi fup. cap. 10.

d'en connoître les véritables caufes, il en imagine de fictives, relatives à un état moral, auquel elles n'ont pas le moindre rapport.

Il eft probable que les idées des Romains fur ce météore furent toujours les mêmes, & que les feux aëriens que l'on peut prendre pour une aurore boréale, que l'on vit dans le tems de la conjuration de Catilina, étoient capables de jetter l'allarme dans les efprits; ce que Cicéron prévint habilement en repréfentant les torches ardentes que l'on avoit vu du côté de l'occident, & le ciel tout en feu, comme un figne manifefte de la protection des dieux qui s'intéreffoient à la confervation de la république (*a*).

Après Ariftote aucun des anciens n'a parlé avec plus de connoiffance des aurores boréales que Sénèque. Le premier livre de fes queftions

------

(*a*) *Orat. in Catilinam,* 3ᵃ.

naturelles eft employé prefque en entier à traiter des phénomènes de l'air & des météores différens ; la plupart de fes obfervations font juftes & précifes. On voit combien il a été utile à la plupart des modernes, même les plus célèbres, qui n'ont fait que renouveller fes idées, en les propofant comme de nouvelles découvertes. Il feroit à fouhaiter feulement qu'il eût mis un peu plus d'ordre dans ce qu'il a écrit à ce fujet, & alors on ne douteroit pas qu'il n'eût été un très-grand philofophe & un phyficien judicieux, qui cependant craignoit de heurter de front les préjugés du vulgaire.

Il commence par parler des feux aëriens, qui fe répandent horifontalement : il conclut de la rapidité de leur courfe & de l'obliquité de leur mouvement qu'ils font chaffés par une force très-vive : ils font, dit-il, plutôt lancés que déterminés à un cours réglé ; *apparet illos non ire sed projici* (a). Ces feux paroissent sous des formes différentes ; Aristote en a désigné quelques-uns sous le nom de chèvres. Ne nous arrêtons pas à la singularité du nom, venons au fait.... Peut-être sont-ce des feux de l'espèce de celui qui parut au ciel lorsque Paul Emile faisoit la guerre contre Persée ; & qui avoit la forme d'un globe irrégulier. Au reste pourquoi en douterions-nous ? n'avons-nous pas vu de ces feux sous la forme de grands javelots qui se dissipoient dans leurs cours. On remarqua de semblables phénomènes à la mort d'Auguste ; lorsque Séjan fut condamné, & peu avant la fin prématurée de Germanicus. Quelle qu'ait pu être l'indication de ces feux ; ne doivent-ils pas leur existence & leur éclat à l'action de l'air, lorsqu'il résiste à une force étrangère qui le presse plus vivement d'un côté que

----

(a) *Seneca. natur. quæst. lib.* ı. *cap.* ı.

de l'autre ? n'eft-ce pas de cette action véhémente & réciproque que
font produits ces poutres, ces globes, ces flambeaux & tant d'autres
feux fi remarquables par leur forme
& leur éclat ? Si le choc eft moindre, fi l'action eft plus foible, alors
les embrafemens font moins con-
fidérables : on ne voit que des feux
légers qui brillent à la furface du
ciel. Il y a peu de nuits qui n'offrent de pareils fpectacles. Sénèque
parle relativement au climat qu'il
habitoit, où le ciel plus ferein, les
exhalaifons plus abondantes, & un
air plus condenfé dans fa région
inférieure, donnent lieu continuellement à ces phénomènes légers,
que nous avons ici dans les belles
nuits d'été.

Il eft donc néceffaire, ajoute-
t-il, que dans cette grande abondance de corpufcules, qui s'élèvent
de la terre dans l'air, il y parvienne
auffi des particules inflammables,
qui non-feulement prennent feu
par leur choc mutuel, mais encore

par la chaleur que leur communiquent les rayons du soleil.... Ne voyons-nous pas que le chaume impregné de particules sulfureuses s'enflamme quelquefois d'espace en espace, sans l'action d'aucune cause étrangère ? Il est donc très-probable qu'une semblable matière ramassée dans les nuages, s'y allume aisément, & produit des feux plus ou moins considérables, à proportion de la quantité de la matière, de la véhémence du choc, & de la force de la résistance (a).

—————————————————

(a) Ce phénomène de l'incendie du chaume, inconnu dans nos climats, n'est pas une supposition gratuite : de tems en tems il se renouvelle en Italie, dans les étés secs & chauds. On a vu pendant l'été de 1768, des incendies locaux & spontanées du chaume, en quelques parties de l'Italie méridionale, sur-tout dans les plaines voisines de la mer. On peut voir encore dans toutes les idées du philosophe de la cour de Neron, le système de la lumière zodiacale, ou de l'atmosphère solaire indiqué, quant aux effets qu'ils peuvent

Mais il y a d'autres feux de formes & de figures différentes. Quelques-uns font ardens, fixés & adhérens à un efpace dans lequel ils
fe développent, d'autres font mo-
biles. Les efpèces en font encore
très variées. Tantôt ils font difpo-
fés en forme de couronnes qui renferment d'autres feux dans leur
enceinte : le fond obfcur du ciel
reffemble alors à une caverne ou-
verte en rond. Tantôt ils paroiffent
comme des tonnes, lorfqu'ils font
fixés dans un même point fous la
forme d'un tonneau de feu, ou
qu'ils font emportés dans l'air fans

---

avoir dans la production de quelques météores aëriens..... *Poteft illos ventorum*
vis edere, poteft fuperioris cœli fervor, nam
cum late fufus fit ignis, inferiora aliquando
fi fint idonea accendi corripit. Poteft ftella-
rum motus curfu fuo ignem excitare, & in
fubjectu tranfmittere: quid porro? non po-
teft fieri ut aër vim igneam ufque in æthera
elidat, ex qua fulgor ardorve fit ftella,
vel fimilis excurfus. Quæft. natur. lib. 1.
ç. 15.

changer de figure. Tantôt ce font
des gouffres ardens : le ciel femble
s'entr'ouvrir & montrer la flamme
cachée à une grande profondeur.
Les couleurs de ces phénomènes font
différentes ; quelques-uns font d'un
rouge vif, d'autres ont la flamme pâle & légère, ils font blancs
ou jaunâtres, & s'étendent également fur toute la furface du ciel,
fans rayons, fans jets, fans vibration.

On en voit fe prolonger comme
des traits qui, à raifon de la célérité de leur mouvement, femblent
former une longue trace de feu,
parce que la foibleffe de notre vue
ne nous permet pas de difcerner au
jufte leur étendue, tout l'efpace qu'ils
ont parcouru nous paroiffant enflammé, à caufe de la fenfation que leur
éclat à fait fur nos yeux. Ce qui peut
fort bien être une illufion d'optique, la rapidité de leur courfe étant
telle, que l'on a plus aifément faifi
les extrémités de l'efpace qu'elle

parcourt , que l'espace même (a).

- - -

(a) *Tempus est alios quoque ignes percur-*
rere. Horum plura genera conspiciuntur;
sunt enim velut, corona cingente introrsum
ignes : cœli recessus similis est effossa in or-
bem spelunca. Sunt pythia , cum magnitudo
vasti rotundique ignis , dolio similis , vel
fertur , vel in uno loco flagrat. Sunt chaf-
mata cum aliquando cœli spatium discedit ,
& flammam dehiscens velut in abdito osten-
tat. Colores quoque horum omnium plurimi
sunt. Quidam ruboris acerrimi , quidam
evanidæ ac levis flammæ , quidam candidæ
lucis , quidam æqualiter & sine eruptionibus ,
aut radiis fulvi. Vidimus ergo

Stellarum longos à tergo albescere tractus,

hac velut stellæ exsiliunt & transvolant , vi-
denturque longum ignem porrigere , propter
immensam celeritatem : cum acies nostra
non discernat transitum earum , sed quacum-
que cucurrerunt , id totum igneum credat.
Tanta enim est velocitas motus , ut partes
ejus non dispiciantur , sed tantum summa
prendantur. Intelligimus magis qua appa-
reat stella , quam qua eat , itaque velut in
igne continuo totum iter signat : quia visus
nostri tarditas , non subsequitur momenta
currentis , sed videt simul & unde exsilierit ,
& quo pervenerit. Quæst. natur. l. 1. c. 14.

Parmi ces feux quelques-uns ont leur direction de haut en bas, d'autres sont fixés au même point, & brillent d'une telle lumière, qu'ils dissipent les ténèbres & donnent à la nuit l'éclat même du jour, jusqu'à ce que leur matière étant consumée, ils commencent à s'obscurcir, & par degrés insensibles, ils s'évanouissent tout-à fait, comme la flamme que l'on voit cesser faute d'alimens.

Quelques-uns de ces feux paroissent sur les nuages, d'autres beaucoup plus haut, lorsque la densité de l'air force en quelque façon le feu, qu'il avoit long-tems nourri dans la région de l'atmosphère la plus voisine de la terre, à s'élever dans la région supérieure de l'air. De ceux ci, il y en a qui ne font que paroître & disparoître à la manière des éclairs. Ceux qui durent plus long-tems, qui ont un cours déterminé, ou qui paroissent suivre le mouvement du ciel, font mis au rang des comètes. Leurs espèces

différentes font les comètes chevelues, les flambeaux, les arbres flam-
boyans, & les autres phénomènes
dont le feu se divise lorsqu'il se
termine. On ne sait si on doit y
comprendre les poutres & les tonnes, elles ont paru rarement: d'ailleurs pour les former, il faut une
grande quantité de matière ignée;
leur disque a paru quelquefois sur-
passer celui du soleil levant.

Mettons encore au nombre de
ces phénomènes, ces cieux ardens
dont parlent les historiens.. Leur
incendie est quelquefois si élevé,
qu'il semble être dans la région des
astres, ou si bas qu'il ne paroît plus
qu'un feu allumé dans le lointain.
Sous l'empire de Tibère, les cohortes coururent au secours d'Ostie,
croyant que cette ville étoit en feu;
le ciel ayant paru de ce côté éclairé
d'une sombre lueur de flammes
mêlées de beaucoup de fumée (a).

____

(a) *Ex his fulgoribus quædam in præceps
eunt, similia prosilientibus stellis ; quædam*

Toute cette apparence circonstancie
très-bien l'aurore boréale, & l'idée
des cohortes prétoriennes de courir
au secours d'une ville qu'ils crurent
la proie des flammes, est celle qui
s'est renouvellée toutes les fois que
ce phénomène s'est montré avec le
même appareil. Plus d'un siècle &

---

certo loco permanent, & tantum lucis emit-
tunt ut fugent tenebras, & diem reprasen-
tent, donec consumpto alimento, primum
obscuriora sint, deinde flammæ modo quæ
inse cadit, per assiduam diminutionem re-
digantur in nihilum. Ex his quædam in
nubibus apparent, quædam supra nubes,
cum aër spissus ignem, quem proprior terris
diu paverat, usque in sidera expressit. . . . .
Inter hæc ponas licet quod frequentur in
historiis legimus, cœlum ardere visum:
cujus non nunquam tam sublimis ardor est,
ut inter ipsa sidera videatur : non nun-
quam tam humilis, ut speciem longinqui
incendii præbeat. Sub Tiberio Cæsare, co-
hortes in auxilium Ostiensis coloniæ cucur-
rerunt tanquam conflagrantis : cum cœli
ardor fuisset per magnam partem noctis,
parum lucidus, crassi fumidique ignis. . . . .
Quæst. nat. l. I. c. 15.

demi après, du tems de l'empereur Sévère, une partie de Rome crut que l'autre étoit en feu, à l'aspect d'une aurore boréale *(a)*.

Toutes les fois qu'elle a été observée dans ces derniers tems, dans tout son éclat, on a vu les gens de la campagne courir de villages en villages pour secourir leurs voisins, dont ils croyoient les habitations dévorées par les flammes.

Comme ce météore ne renaît qu'après un certain intervalle, le peuple l'a totalement oublié; & lorsqu'il le revoit, il ne le prend d'abord que pour un grand incendie. Il en est à ce sujet des peuples du nord, comme de ceux des zones tempérées; ils ont les mêmes idées. En 1709, on connoissoit si peu les aurores boréales en Dannemarck,

____

(a) Ignis in aëre qua parte spectat ad septentrionem, est visus, ut plerique urbem totam comburi, multi cœlum ipsum ardere existimarent... Lycosthenes de prodigiis ad ann. 196.

qu'une très-grande & très-lumineuse s'étant manifestée, plusieurs
corps de garde sortirent, prirent
les armes & battirent le tambour :
mais quelque vingt ans après, elles
s'étoient tellement multipliées
qu'on n'y faisoit plus d'attention.
C'est ce qu'écrivoit en 1731 M. le
comte de Plélo, ambassadeur de
France à Copenhague.

Il s'en faut beaucoup que le célèbre historien de la nature ait parlé
des aurores boréales avec autant
d'exactitude qu'Aristote & Séné-
que, quoi que ce qu'il en dit ne
paroisse être que d'après les Grecs :
ce qui porteroit à croire qu'il travailloit plus sur les mémoires qu'il
avoit rassemblés, que sur ses propres observations, & les connoissances qu'il eût des phénomènes de
la nature. Pline n'indique les aurores boréales, que comme des
signes effrayans qui se manifestoient
sous la forme de torches ardentes,
de traits enflammés, de poutres
lumineuses, accompagnées de gouf-

tres obscurs & profonds qui sembloient s'ouvrir dans le ciel, & y
retracer une image de l'ancien
chaos, où les élémens étoient en
confusion.

On voit, dit-il, s'allumer de ces
torches qui ne font jamais plus
senfibles que lorfqu'elles tombent
ou s'éteignent. C'est ainfi que le
peuple en vit traverfer l'air, lorfque Germanicus Céfar donnoit au
peuple un fpectacle de gladiateurs.
On appelle torches ou lampes celles
qui ne brûlent que par une de leurs
extrémités; traits ou javelots enflammés, celles qui brûlent dans
toute leur longueur. Les Modénois
en virent qui leur annoncèrent les
malheurs qui devoient leur arriver.
Il y en a d'une autre efpèce encore,
qui reffemblent à de longues poutres ardentes, telles que les Lacé-
démoniens les obfervèrent au ciel,
lorfque vaincus fur mer ils perdi-
rent l'empire de la Grèce (a).

(a) *Emicant & faces, non nifi cum deci-*

On

On voit quelquefois s'ouvrir un gouffre dans le ciel qui semble en partager la voûte. Mais rien n'est plus effrayant & d'un présage plus à craindre, que lorsque le ciel paroît de couleur de sang, & qu'il tombe ensuite sur la terre des pluies de feu, ainsi qu'il arriva la troisième année de la cent septième olympiade, lorsque Philippe, par ses intrigues plus que par ses armes, ébranloit la constitution de la Grèce, dans le dessein de la subjuguer.

Sous le consulat de C. Cecilius & de Cn. Papyrius, on vit pendant la nuit une lumière dans le ciel,

---

dunt visa. . . . . Emicant & trabes simili modo, quas docos vocant. . . Fit & cœli ipsius hiatus quod vocant chasma. Hist. natur. l. 2. cap. 26. —— Fit & sanguinea species, & (qua nihil terribilius mortalium timori est) incendium ad terras cadens inde, sicut olympiadis centesimæ septimæ anno tertio. Ibid. cap. 27. —— Lumen de cœlo noctu visum est, C. Cæcilio, Cn. Papyrio consulibus, & sæpe alia, ut diei species noctu luceret. Ibid. cap. 33.

Tome X. D

qui la rendit auffi brillante que le jour. Voilà certainement l'aurore boréale bien défignée. Mais s'il en explique quelques-uns des phéno-mènes les plus frappans, il ne les confidére plus qu'avec les yeux & les préjugés du vulgaire le plus ignorant. Nous apprenons, dit-il, que pendant la guerre des Cimbres on entendit dans le ciel le bruit des armes, & même le fon des trom-pettes à différentes fois, devant & après. Sous le troifième confulat de Marius, on vit d'Ameria & de Todi, des armées céleftes, partant de l'orient & du couchant, com-battre entr'elles; celles du couchant ayant été vaincues & diffipées. Il n'eft pas étonnant, ajoute-t-il, que l'on ait vu le ciel en feu, cela arrive fouvent, lorfque les nuages font pénétrés d'une trop grande abon-dance de matière ignée (*a*).

(*a*) *Armorum crepitus & tuba fonitus auditos e cœlo, Cimbricis bellis accepimus ;*

Il avoit dit plus haut, que ces sortes de prodiges arrivoient à des tems marqués par la nature, & non parce qu'ils accompagnoient & précédoient les différentes révolutions qu'ils sembloient annoncer aux imaginations crédules, qui se flattoient mal-à-propos de pénétrer dans l'avenir ; mais que leur rareté en avoit caché la cause, jusqu'alors, & qu'ils n'étoient pas connus comme le lever & le coucher des autres astres dont il avoit parlé (a).

____

crebrosque & prius & postea. Tertio vero consulatu Marii ab Amerinis & Tudertibus spectata arma cœlestia, ab ortu occasuque inter se concurrentia, pulsis quæ ab occasu erant. Ipsum ardere cœlum, minime mirum est & sæpius visum, majore vi ignis, nubibus correptis. Hist. natur. l. 2. c. 57.

(a) *Atque hæc ego statis temporibus natura, ut cætera arbitror existere, non ut plerique variis de causis, quas ingeniorum acumen excogitat, quippe ingentium malorum fuere prænuntia : sed ea accidisse, non quia hæc facta sunt arbitror ; verum hæc adeo facta quia incasura illa erant. Rari-*

On peut juger par-là des con-
noiſſances de Pline ſur l'état du
ciel & l'origine des différens météores. Si quelquefois il en entrevoit la véritable cauſe, il ne fait
que l'indiquer : il s'arrête davantage ſur les idées de la multitude.
Mais nous voyons que l'on obſer-
voit alors les aurores boréales, dans
la même poſition que de nos jours.
Car la lumière qui s'étendoit d'a-
bord du nord au couchant, ſe reti-
roit peu-à-peu pour ſe fixer au nord
& y finir. On remarquera même
que les villes d'Ameria & de Todi,
où il dit que le phénomène fut
obſervé, ſont toutes les deux au
nord de Rome, la première dans
les montagnes d'Ombrie, la ſeconde plus près du Tibre, ſur les fron-
tières de la campagne de Rome du
côté de l'Ombrie.

---

tate autem occultam eorum eſſe rationem,
ideoque non ſicut exortus ſupra dictos,
defectuſque & multa alia noſci. Hiſt. nat.
l. 2. cap. 27.

Le peuple de Rome ne considéra donc jamais d'un œil indifférent & d'un esprit tranquille les aurores boréales, ou les phénomènes qui leur ressemblent : les philosophes eux-mêmes n'étoient pas tout-à-fait exempts des frayeurs superstitieuses du vulgaire. Les Grecs seuls virent ce spectacle avec une sorte d'admiration, qui ne leur permit pas d'en tirer aucun présage funeste. Si la Grèce de nos jours en jouit encore quelquefois, on ne peut pas dire quelles idées il inspire à ses malheureux habitans accablés sous le joug du despotisme le plus affreux : on peut seulement conjecturer que s'ils savent ce qu'Aristote & ses successeurs en ont pensé, ils se font gloire d'adopter les mêmes sentimens.

Les Chinois situés à-peu-près aux mêmes latitudes que les Grecs, doivent voir les aurores boréales de même qu'elles se présentent en Grèce. Il semble qu'ils n'y apperçoivent rien de terrible, c'est, selon leur expression, *un spectacle beau à voir, admirable.* Mais tout météore extraordinaire étant de mauvais préfage, suivant le préjugé Chinois, on peut s'affurer qu'indépendamment de la rareté de celui-ci dans cet empire, le peu d'obfervations que l'on en auroit pu faire, même dans la Tartarie dépendante de la Chine, & qui est au nord, y font foigneufement fupprimées. Cependant on ne put empêcher en 1718, 1719 & 1722, que les aurores boréales qui parurent dans trois provinces, ne fuffent gravées fur une planche dont les eftampes coururent tout l'empire. Mais comme s'il étoit du deftin de l'aurore boréale d'être défigurée dans toutes les repréfentations que l'on en donne, celle-ci, faite apparemment par des néophytes peu éclairés, fut chargée d'une grande croix blanche, accompagnée de l'arc lumineux & des nuages blancs

qui caractérisent le phénomène (a).
Au reste on reconnoit dans ces

(a) *Mém. de l'acad. des sciences, ann.*
1751. pag. 40. & suiv. — Il pourroit bien
se faire encore que cette gravure fût celle
d'un autre phénomène que l'on voit de
jour dans les régions orientales, qui même
y est assez commun, car ses formes ressemblent beaucoup à celle de l'aurore boréale.
La description suivante est assez curieuse
pour qu'elle mérite de trouver ici sa place.
Le 25 juillet 1693, le P. Bouvet allant
de Péking à Quantong, vit le phénomène
suivant, inconnu à ce qu'il dit en France,
mais fort ordinaire en orient, sur-tout à
la Chine, où il dit l'avoir observé distinctement plus de vingt fois, tantôt le matin, tantôt le soir, dans ces deux royaumes sur terre comme sur mer, & même à
Péking.

Ce phénomène n'est autre chose que certains demi-cercles d'ombre & de lumière,
qui paroissent se terminer & s'unir dans
deux points opposés du ciel, savoir, d'un
côté dans le centre du soleil, & de l'autre
dans le point qui est diamétralement opposé à celui-là. Comme ces demi-cercles
sont tous terminés en pointe, tant en
orient qu'en occident, c'est-à-dire vers
les points opposés de leur union, & qu'ils

procédés, la politique difcrette &
taciturne des Chinois qui ont part

---

vont en s'élargiffant uniformement vers
le milieu du ciel à mefure qu'ils s'éloignent de l'horifon, ils ne reffemblent pas
mal pour leurs figures aux maifons céleftes,
de la manière dont on les trace fur les
globes, à cela près feulement que ces zones
d'ombre & de lumière, font ordinairement
fort inégales pour la largeur, & qu'il
arrive fouvent qu'il y a de l'interruption
entr'elles, fur-tout lorfque le phénomène
n'eft pas bien formé.

Toutes les fois que je l'ai obfervé, &
je l'ai vu quatre fois différentes en moins
de quinze jours, j'ai toujours remarqué
que le tems étoit extrêmement chaud, le
ciel chargé de vapeurs avec une difpofition
au tonnerre, & qu'un gros nuage épais
entr'ouvert étoit vis-à-vis du foleil. Ce
phénomène femble, pour la figure, fort
différent de ces longues traces d'ombre &
de lumière qu'on voit fouvent le foir &
le matin dans le ciel, auffi bien en Europe qu'ailleurs, & auxquelles leur figure
pyramidale fait donner le nom de verges.
Si l'on demande pour quelle raifon ce
phénomène paroît plutôt en Afie qu'en
Europe, & en été que dans les autres
faifons, il me femble qu'on pourroit en

au gouvernement de l'état : ils font affez prudens pour renfermer en eux les craintes même les plus vives dont ils feroient agités, dès qu'elles pourroient troubler la tranquillité publique, s'ils les laiffoient paroî-

---

attribuer la caufe à la nature des terres de l'Afie, qui étant pour la plupart beaucoup plus chargées de nitre que celles de l'Europe, rempliffent l'atmofphère, furtout en été lorfque le foleil a plus de force pour les élever, d'exhalaifons nitreufes, lefquelles étant répandues également dans l'air, les rendent plus propres à réfléchir la lumière, & par conféquent à former ce météore. *Defcription de la Chine par le P. Du Halde, tom. 1. in-4°. la Haye,* 1736. —— Ce météore, dans toutes fes parties, reffemble tellement à l'aurore boréale, que l'on peut le regarder comme produit par une caufe fort femblable. La différence qui s'y trouve c'eft que l'un ne paroît que de jour, & l'autre ne fe voit que pendant la nuit. De forte que ce météore doit être regardé comme propre aux régions de notre hémifphère, qui s'étendent de l'orient au midi comme les aurores appartiennent fur tout à celles qui font fituées du nord au couchant.

D v

tre au-dehors. Par-tout ailleurs , &
ſur-tout dans la zone que nous habitons , nos pères courbés ſous le
joug de l'ignorance & de la ſuperſtition , ne virent , pendant une
longue ſuite de ſiècles dans les aurores boréales , que des objets triſtes
& menaçans. Les rayons lumineux ,
les jets de feu , les flocons de matière ardente qui ſemblent s'élever
des différens points du ciel au-deſſus de l'horiſon , les nuages rouges
& violets que l'on y remarque quelquefois , ne préſentèrent à leur imagination effrayée , que des armées
qui combattoient les unes contre les
autres , des têtes ſanglantes ſépa-
rées de leur troncs , des chars enflammés , des boucliers ardens : ils
y entendirent le bruit des armes ,
& le ſon des trompettes : ils en
virent couler des pluies de chair
& de ſang. Ce n'eſt que ſous ces
formes extravagantes & toujours
comme préſages funeſtes , que
nos anciens chroniqueurs nous ont
conſervé quelques veſtiges des

apparitions de l'aurore boréale.

Ce n'eſt donc pas pour renouveller la mémoire des erreurs & des craintes ſuperſtitieuſes d'une partie des Européens, que nous rapporterons ici ce que les anciens écrivains nous ont tranſmis des eſpèces de viſions, que fit naître à l'imagination des peuples conſternés, le météore brillant dont nous écrivons l'hiſtoire : nous vivons dans un ſiècle trop éclairé pour que de ſemblables chimères puiſſent s'acréditer de nouveau. Mais nous ſommes obligés d'en faire mention, & de chercher les faits naturels qui y ont raport dans le récit des prétendus préſages des calamités publiques. Avant le commencement du dix-ſeptième ſiècle, preſqu'aucun écrivain ne vit ce phénomène, ou n'en parla de ſang froid. La plupart même n'en tranſmirent le ſouvenir à la poſtérité, que parce qu'ils y trouvèrent quelque conformité avec les évènemens tragiques des tems auquel il parut : & ſi, com-

D vj

me il eſt probable , il y eut des aurores boréales dans les ſiècles où les
chroniqueurs n'en font aucune mention , c'eſt qu'elles ne furent ſuivies
d'aucun déſaſtre marqué.

§. V.

Aurores boréales vues depuis le cinquième ſiècle de l'ère chrétienne , juſqu'au commencement du dix-ſeptième.

Iſidore de Seville raconte qu'environ l'an 450 , peu de tems avant
qu'Attila ne vint porter le fer & le
feu dans l'Italie & dans les Gaules ,
le ciel parut du côté du ſeptentrion
rouge comme du feu , & teint de
ſang , avec des bandes ou jets de
lumière plus clairs, qui traverſoient
la partie de l'air rouge & enflammée (*a*).

(*a*) *Ab aquilonis plaga , cœlum rubens
ſicut ignis aut ſanguis effuſus , permiſtis*

Grégoire de Tours, qui, dans son histoire des Francs, n'a échappé aucune occasion de parler des phénomènes de l'air, & sur-tout des météores ignées, nous a laissé une description assez circonstanciée d'une grande aurore boréale à couronne, observée en 585 du côté de Trèves, où il paroît qu'il étoit alors à la suite du roi. » Pendant, dit-il, » que nous étions dans cette con- » trée nous vîmes des signes au ciel » durant deux nuits, c'est-à-dire » des rayons si éclatans du côté de » l'aquilon, qu'auparavant on n'en » avoit jamais vus de semblables, » & des deux côtés du couchant & » du midi, des nuages de couleur de » sang. A la seconde heure environ » de la troisième nuit, ces rayons » se montrèrent de nouveau, &

---

per igneum ruborem lineis clarioribus in speciem hastarum deformatis. Isidorus Hispal. hist. goth. apud labeum, tom. 1. bibl. novæ.

» tandis que nous les confidérions
» avec étonnement, il s'en éleva
» d'autres femblables des quatre
» points du monde, & nous en vî-
» mes tout le ciel couvert : au milieu
» du ciel étoit une nuée brillante
» autour de laquelle ces rayons fe
» raſſembloient en forme de tente:
» les bandes lumineuſes fort larges
» par le bas, alloient en fe rétréciſ-
» fant par le haut, & fe réuniſ-
» foient de manière qu'elles fem-
» bloient former une eſpèce de ca-
» puchon. Au milieu de ces rayons
» étoient d'autres nuées d'un éclat
» étincellant. Ce ſigne nous effraya
» beaucoup, & nous nous attendions
» à nous voir affligés de quelque ca-
» lamité extraordinaire venant du
» ciel (a). »

____

(a) *Dum autem in hoc loco commoraremur,*
vidimus per duas noctes ſigna in cœlo, id eſt
radios à parte aquilonis tam clare ſplendidos,
ut prius ſic adparuiſſe non fuerint viſi : &
ab utraque quidem parte, id eſt ab euro &
zephiro, nubes ſanguineæ. Tertia vero noste

L'année précédente, dans le milieu de la nuit, on avoit vu du côté de l'aquilon, beaucoup de rayons d'un éclat extraordinaire, qui venoient les uns fur les autres, fe féparoient enfuite avant que de difparoître. Le ciel dans toute fa partie feptentrionale, étoit fi lumineux, qu'il fembloit que ce fût l'aurore qui paroiffoit (*a*).

---

quafi hora fecunda, adparuerunt hi radii. Et ecce dum hos miraremur attoniti, furrexerunt à quatuor plagis mundi alii horum fimiles, vidimufque totum cœlum ab his operiri : & erat nubes in medio cœli fplendida, ad quam fe hi radii colligebant in modum tentorii, quod ab imo ex amplioribus inceptum fafciis, anguftatis in altum, in unum cuculli caput fæpe colligitur. Erantque in medio radiorum & aliæ nubes, ceu corufcum valide fulgurantes : quod fignum magnum nobis ingeffit metum : operiebamur enim fuper nos aliquam plagam de cœlo tranfmitti. Greg. Turon. hift. lib. 8.

(*a*) *Anno nono Childeberti regis. . . His diebus adparuerunt à parte aquilonis, nocte media, radii multi, fulgore nimio*

La première de ces aurores boréales, doit être mise au rang de celles de la première espèce, telles qu'on les voit au-dessus des terres polaires, lorsqu'elles sont complettes. On en a observé d'autres long-tems après, avec les mêmes caractères, ce qui prouve que les dispositions de l'air se trouvent d'espaces à autres, propres à donner lieu à l'apparence des mêmes phénomènes.

Au commencement du septième siècle, Paul Diacre (*liv.* 4. *ch.* 16. *de l'hist. des Lombards.*) dit que pendant le règne d'Agilulphe roi des Lombards, on vit au ciel des signes terribles, des lances sanglantes & une grande lumière qui brilloit pendant toute la nuit (*a*). Ces cir-

---

relucentes , qui ad se venientes iterum separabantur , usquequo evanuêrunt. Sed & cœlum ab ipsa septentrionali plaga ita resplenduit , ut putaretur auroram producere. Id. hist. lib. 6.

(*a*) *Tunc signum sanguineum in cœlo ap-*

constances désignent clairement l'aurore boréale, remarquable en ce qu'elle fut vue de l'Italie septentrionale.

Les chroniques du huitième siècle nous parlent d'étoiles tombantes, d'armées vues au ciel, de boucliers enflammés & teints de sang, de lumières extraordinaires répandues dans l'air. Tous ces signes paroissoient pendant la nuit, & comme on les distinguoit parfaitement, ils n'en étoient que plus propres à effrayer.

Les annales de saint Bertin nous apprennent qu'en 859 on vit pendant les mois d'août, de septembre & d'octobre des armées dans le ciel ; depuis l'orient jusqu'au septentrion & au-delà, il paroissoit une lumière aussi claire que le jour, d'où sembloient s'élever des colonnes sanglantes (a).

-----

paruit, & quasi hasta sanguinea, & lux per totam noctem clarissima.

(a) *Acies nocturno tempore visuntur in*

En 992, la nuit de noël, il parut du côté du nord une lumière,
capable de faire croire que le jour
alloit paroître. Elle fut ſuivie de
l'apparition d'un gouffre (*chaſma*)
ou nuage obſcur; c'eſt ce que les
phyſiciens modernes ont appellé le
ſegment obſcur (*a*). Ce phénomène
fut probablement obſervé en Suabe.

Un chronologiſte Saxon, dit que
le 26 décembre 993, la nuit de la
fête de ſaint Etienne, on vit au
ciel un phénomène miraculeux &
inoui dans les ſiècles paſſés; une
lumière qui ſe montra vers le minuit du côté du ſeptentrion, & qui
fut ſi grande que pluſieurs perſonnes
s'imaginèrent que c'étoit le jour
qui alloit paroître. Elle dura pendant une groſſe heure, le ciel devint enſuite un peu rouge, & reprit

---

*cœlum menſe auguſto, ſeptembre & octobri,
ita ut diurna claritas aboriente uſque in
ſeptentrionem continue fulſerit, & columnæ
ſanguineæ. Ex ea diſcurentes proceſſerint.*
(*a*) *Calviſii chronologia Francof.* 1620.

après cela sa couleur ordinaire (*a*). A ces indications on ne peut pas méconnoître l'aurore boréale , & ce que l'on remarque encore mieux dans les expreſſions des hiſtoriens , c'eſt qu'on ne la voyoit que comme un prodige extraordinaire & tou-jours effrayant.

En 1095 , le 24 février , on apperçut en l'air des nuages rouges & comme teints de ſang , qui par-toient de l'orient & de l'occident , & s'alloient rencontrer vers le point du ciel le plus élevé; & environ le milieu des nuits , il s'élevoit du ſeptentrion des clartés de feu , ou des colonnes ardentes , qui en ſe répandant voltigeoient par l'air (*b*).

Nous voyons les mêmes phéno-mènes déſignés dans les chroniques des ſiècles ſuivans , par ces termes : le ciel parut en pluſieurs endroits

––––––––––

(*a*) *Miſcellan. Berolin. tom.* 1. *pag.* 137.
(*b*) *Mém. de l'acad. des ſciences , ann.* 1723. *pag.* 296.

enflammé pendant la nuit.... *Cœlum multis in locis ardere visum est nocturno tempore... Cœlum ardere frequenter visum...* C'est dans les mêmes termes que l'aurore boréale a été désignée par les plus anciens écrivains, & toujours elle s'est montrée de même aux yeux du vulgaire, & lui a donné les mêmes idées.

Dans le douzième siècle, en 1116 & 1157, il y eut des armées de feu vues vers le septentrion, qui se répandoient ensuite par-tout le ciel pendant une grande partie de la nuit... On voyoit des signes terribles dans le ciel du côté du septentrion, des torches ardentes, des lances, & comme du sang humain, d'un rouge très vif.

Pendant les deux siècles suivans on ne trouve pas dans les récits des historiens des aurores boréales aussi clairement désignées. Ils parlent de quelques phénomènes ignées toujours remarquables & frappans, tels que des poutres ardentes, des

queues de comète, dont la tête
étoit cachée au nord dans des nuages obscurs; circonstances qui font
soupçonner l'existence de l'aurore
boréale, mais qui ne l'indiquent pas
aussi précisément que les récits précédens. La matière de ce phénomène
auroit-elle manqué aussi long-tems?
C'est ce qu'il est difficile de croire.
Il est plus probable, ou que les observations n'ont point été faites
dans ce tems, ou que les écrivains
des chroniques n'ont pas jugé à
propos d'en faire mention.

La chronique de Louis XI. dite
la chronique scandaleuse, rapporte
que la nuit du 23 juillet 1461, il
parut un de ces météores que l'on
ne voit que pendant la nuit & qui
semblent mettre un pays tout en
feu, voici ses termes : « Et est à
» sçavoir que le jeudi ving-troi-
» sième jour de juillet audit an
» 1461, environ heure de nuit,
» fut vue au ciel courir bien fort
» une très-longue comète, qui jet-
» toit en l'air grand resplendisseur

» & grande clarté, tellement qu'il
» fembloit que tout Paris fût en
» feu & en flambe : Dieu l'en
» veuille préferver ».

La même chronique fur l'année
1465, dit que le lundi 18 novembre, « apparut à ceux qui faifoient
» le guet & l'arrière guet en la ville
» de Paris, une comète qui vint
» des parties dudit oft, (de l'armée
» des princes ligués) cheoir dedans
» ès foffés d'icelle ville à l'envi-
» ron de l'hoftel de Ardoife, dont
» plufieurs furent épouvantés, non
» fcachant que c'eftoit ». La table
ajoutée à l'édition de la chronique
faite en 1620, dit que cette comète faifoit fembler la ville toute
en feu, qu'un homme en devint
fol de frayeur, & perdit fon fens
& entendement, en allant ouir
meffe au Saint Efprit. C'eft ce qui
fe lit dans le texte de l'édition
de cette chonique, ajoutée à celle
des mémoires de Philippe de Co-
mines, faite en 1714. Les différens textes ajoutent que, « fi en

» furent portées les nouvelles au
» roi en son hostel des Tournelles,
» qui incontinent monta à cheval,
» & s'en alla dessus les murs au
» droit dudit hostel de Ardoise,
» & y demoura grand espace de
» tems, & fit assembler tous les
» quartiers de Paris, pour aller
» chacun en sa garde dessus lesdits
» murs. Et à cette heure courut
» bruit que lesdits ennemis ainsi
» devant Paris s'en-alloient & deslo-
» geoient ; & qu'à leurdit partement
» mettoient peine de brusler & en-
» dommager ladite ville, par-tout
» où possible leur seroit, & fut
» trouvé que de tout il n'étoit rien ».

C'étoit alors le tems de la plus
forte crise de la guerre du bien pu-
blic, qui, comme l'on sait, occasionna la levée de grand nombre
de gens de guerre de part & d'autre, & ne produisit rien de ce que
l'on en attendoit. Les principaux
chefs de l'armée des princes étoient
campés partie à Saint Denis, partie
autour du fauxbourg Saint Antoine;

les feux de l'aurore boréale fe mon-
troient du côté du nord & du nord-
oueft, ils étoient fans doute fi brillans, qu'ils firent croire que les
ennemis avoient mis le feu aux
quartiers qu'ils occupoient, ce qui
donna l'allarme à la cour & à la ville.

Le 11 octobre 1527, on vit un
phénomène de l'efpèce de ceux dont
nous venons de parler, & que l'on
qualifia de comète d'une grandeur
immenfe. Elle étoit, dit-on, d'une
couleur de fang tirant fur le jaune,
fon fommet étoit recourbé en forme de bras plié, à quoi fe joignoient des rayons obfcurs en forme de queues, de lances, d'épées
fanglantes, de vifages d'hommes
& de têtes tranchées, hideufes par
les barbes horribles & les cheveux
dont elles étoient hériffées. Elle ne
fut vifible que vers le nord, & ne
dura que cinq quarts d'heure. Il n'y
eut jamais, difent les obfervateurs
de ce tems, de comète auffi effrayante par fa grandeur, ni qui
portât un caractère plus marqué de

la

la colère célefte. C'étoit l'idée dominante de ce tems-là , & avec
toutes les figures que l'on préten-
doit y voir , il n'eft pas étonnant
que plufieurs perfonnes tombaffent
en fyncope à l'apparence de ces
météores, & fuffent en danger d'en
mourir de frayeur.

Ce phénomène fut renouvellé
le onzième décembre de la même
année , avec des accidens à-peu-
près femblables , & pris de même
pour une comète, fur quoi Heve-
lius (*cometograph. lib.* 12.) dit
qu'il avoit bien de la peine à le
recevoir pour une comète, étant
d'une grandeur monftrueufe , fans
diftinction de tête ni de queue; ce
qui fait croire que les préjugés avec
lefquels ces deux phénomènes furent obfervés , firent confondre ,
avec l'arc & le fegment obfcur de
l'aurore boréale , le difque ou le
noyau de la comète , qu'ils jugèrent
pour cela d'une grandeur extraordinaire.

Il en eft de même de la prétendue

comète de 1529, à laquelle on
voyoit quatre queues tournées vers
les quatre points cardinaux du
monde : mais on ne s'y trompa
point, dès ce tems on lui donna
le nom de *chasma* ou gouffre : c'est
ainsi que l'on désignoit alors, d'a-
près Aristote, Pline, & les anciens
naturalistes, le nuage obscur, d'où
les traits lumineux de l'aurore boréale sortoient pour se porter au
zénith.

En 1556, le 5 de septembre, on
vit à Custrin, petite ville de la
nouvelle Marche de Brandebourg,
vers les neuf heures du soir, des
flammes innombrables qui s'élevoient dans le ciel, & deux poutres
ardentes qui paroissoient au milieu.
Le 28 janvier 1551, on avoit vu à
Lisbonne, & le 24 juillet 1554,
en Allemagne, des feux semblables, où l'on croyoit de même avoir
remarqué des combats aëriens qui
se donnoient dans des champs de
feu. M. Halley, dans un mémoire
sur l'aurore boréale, imprimé dans

les transactions philosophiques,
(n. 347.) parle d'après un ancien
auteur Anglois qui avoit donné une
description des météores, d'aurores
boréales vues de 1560 à 1564, ce
qui prouve qu'elles furent très-fré-
quentes dans ce siècle.

Cornelius Gemma, médecin de
Louvain, fait mention de différentes aurores boréales vues le 25 septembre 1568, le 27 janvier 1573,
& d'autres prodiges de l'air qu'il
croit avoir été des aurores boréales,
observées vers la fin de janvier &
au commencement de février 1574.
Il ne fait que les indiquer, parce
qu'il n'en fut pas témoin oculaire.
Mais il donne une description curieuse & détaillée de celles qui parurent le 13 février & le 28 septembre 1575 : elle devient d'autant
plus intéressante qu'elle est une
peinture fidèle, non-seulement du
phénomène, mais des sentimens
du peuple, & des effets de ce spectacle extraordinaire sur des esprits
prévenus.

E ij

« La première aurore boréale qui
» parut vers les neuf heures du
» soir, par l'ordre, la nature & la
» variété des formes sous lesquelles
» elle se montra, nous mit devant
» les yeux un tableau fidèle des
» calamités, des vicissitudes, & de
» tous les coups de la fortune aux-
» quels la Flandre se trouva bien-
» tôt exposée ».

Ce pays étoit alors agité des plus
grands troubles causés par l'union
de la noblesse, & des peuples sou-
levés contre la dureté du gouvernement Espagnol, & l'observateur
vouloit trouver dans les variétés
du phénomène, le prognostic de
tous les malheurs que son imagination affligée lui faisoit craindre
pour sa patrie. « Que signifioient,
» dit-il, ces deux grands arceaux
» admirables ? l'un plus étendu vers
» le nord sembloit puiser dans le
» gouffre ténébreux d'où il sortoit ;
» plusieurs autres arcs & une vaste
» lumière. L'autre déclinant un peu
» vers le midi, & représentant par

» faitement l'iris, par les diverses
» couleurs dont il étoit peint, s'é-
» tendoit du levant jusqu'au cou-
» chant, en passant par la ceinture
» d'Orion. Tous deux étoient ap-
» puyés vers l'occident, sur le point
» de l'équinoxe, & renfermoient
» la lune qui étoit nouvelle. L'arc
» le plus austral se brisa d'abord
» auprès de la ceinture d'Orion,
» & il sortit de sa brèche quantité
» de rayons, de lances & de jave-
» lots enflammés. Ils partoient avec
» une rapidité incroyable ; c'étoit
» l'image d'un combat sanglant.
» Une noire vapeur qui se teignoit
» quelquefois d'un rouge de sang,
» se répandoit aussi çà & là dans
» le ciel : elle devenoit enfin d'une
» couleur de pourpre très-vif. Ce-
» pendant un nuage blanchâtre &
» isolé se montroit vers l'occident,
» avec une espèce de tache obscure
» à son milieu, & ce qui est digne
» de remarque, c'est qu'après avoir
» terni l'éclat de plusieurs étoiles,
» il nous laissa voir briller les Pléïa-

» des à travers, dans un moment
» où elles en occupoient le centre;
» j'apperçus encore cinq ou six nua-
» ges ronds de diverses couleurs,
» & très-lumineux, à l'approche
» desquels la tache de celui dont
» nous avons parlé ci-dessus se
» trouva tout-à-coup dissipée. Mais
» un moment après les rayons, les
» lances, & les flammes montèrent
» de toutes parts de l'horison jus-
» qu'au milieu du ciel : l'incendie
» gagnant du gouffre du nord jus-
» qu'au zénith, devint universel,
» & une mer de feu s'éleva à grands
» flots du fond de cet abyme infer-
» nal. Et afin qu'il ne manquât rien
» à tant de prodiges pour nous fi-
» gurer les évènemens futurs, la
» face du ciel se trouva alors chan-
» gée, pendant une heure de tems,
» en une espèce étrangère de cor-
» net à jouer au dez, le blanc &
» le bleu se succédant alternative-
» ment, & se réunissant quelque-
» fois en tournoyant avec une ex-
» trême vîtesse; comme on voit

» qu'il arrive aux rayons du foleil,
» qui fe croifent au foyer d'un mi-
» roir ardent ».

Telle eft la peinture fidèle que
l'auteur faifoit d'un phénomène qui
le frappoit d'une terreur fi vive,
qu'elle n'alloit pas moins qu'à lui
faire dreffer les cheveux à la tête;
peinture qui, malgré les circonftances que fon imagination lui faifoit appercevoir, & qui n'exiftoient
pas dans le fpectacle aërien, eft
très-reffemblante à la plupart des
phénomènes de la même efpèce,
dont quelques-uns ont été obfervés
de nos jours, & fe montreront fans
doute dans la fuite des tems fous
les mêmes apparences. Si le préjugé
populaire faifoit une impreffion fi
forte fur l'efprit d'un homme inf-
truit, que l'on juge de l'état où
devoit fe trouver le vulgaire ignorant, à la vue de fes maîtres pénétrés d'une telle frayeur.

L'aurore boréale du 28 feptembre fuivant, ayant été moins dé-
mêlée & moins lumineufe, parut

auſſi moins terrible à Cornelius Gemma, quoiqu'il en tire les mê-mes préſages. On trouve dans la deſcription qu'il en donne, les arcs, les lances, les jets & les vibrations de lumière, la vapeur fumeuſe comparée à celle du chaume qui brûle, enfin une montagne arden-te, ceinte de rayons lumineux. La couronne ou coupole y eſt exprimée, par le concours des rayons lumi-neux au zénith, qui repréſentent parfaitement le ſommet d'un pa-villon circulaire, ſur lequel il ſe fait un choc fréquent & une eſpèce de combat de la lumière rompue & réfléchie. L'amas des nuages qui ſe faiſoit près du zénith, préſentoit de tems en tems, la figure d'un grand aigle ſuſpendu dans les airs. Il falloit avoir l'imagination de cet obſervateur, ou plutôt être bien rempli des idées de ſon ſiècle, pour découvrir dans ces effets variés d'ombre & de lumière des figures ſi décidées. Ce que nous y voyons de mieux, c'eſt la prévention, qui trop souvent joue le premier rôle, & dont cependant on ne se défie jamais assez.

Le journal de Henri III. ou les mémoires de l'Etoile, nous apprennent que le 28 septembre de cette même année (1575), vers les dix heures du soir, on vit sur la ville de Paris & aux environs, certains feux en l'air faisant grande lumière & fumée, qui représentoient lances & hommes armés. M. de Mairan (*a*) comparant ces deux grandes aurores boréales à celles qu'il avoit observées, remarque que celle du 13 février 1575, lui paroît fort semblable à celle du 19 octobre 1726 ; & celle du 26 septembre 1575, à celle du 7 octobre 1731, à laquelle dut ressembler beaucoup celle que Grégoire de Tours observa près de Trèves, en 585 ; ce qui ne laisse aucun lieu de douter que les mêmes disposi-

____

(*a*) *Pag.* 187. *du traité physique & historique de l'aurore boréale.*

E v

tions de l'air ne se renouvellent de
tems à autres, puisqu'elles donnent
les mêmes apparences aux suites de
l'évaporation dans les phénomènes
qui en résultent.

On vit ces météores reparoître
sous les mêmes formes en 1580,
le 6 mars, le 6 & le 9 avril, le 10
& le 21 de septembre, & le 26
décembre. On les remarqua le 16
février 1581, & ce qui surprit le
plus, c'est que la plupart de ces phénomènes, parurent encore dans les
deux ou trois années suivantes, à
en juger par les démarches auxquelles se déterminèrent les peuples
de la Brie, que l'on vit venir au
mois de septembre 1583 en habits
de pénitens, pour faire leurs prières
& offrandes en la grande église de
Paris. Ils disoient avoir été portés
à faire ces voyages de pénitence,
pour signes vus au ciel & feux en
l'air, même vers les quartiers des
Ardennes d'où étoient venus les
premiers tels pénitens, jusqu'au
nombre de dix à douze mille à

Notre-Dame de Liesse & à Rheims. C'est ainsi que s'exprime un écrivain de ce tems (*a*).

Il paroît que l'on fut une vingtaine d'années sans appercevoir au ciel de ces phénomènes bien marqués. Ils ne se montrèrent qu'en 1605, un jeudi au soir, 17 de novembre, entre six & sept heures du soir, la nuit étant déja close, parut sur Paris un signe étrange au ciel en forme de verges rouges, que plusieurs milliers de personnes virent & remarquèrent (*b*).

Le même météore fut observé le lendemain matin à Mayence. Depuis les trois ou quatre heures du matin, le ciel y fut tout brillant de rayons de lumière, qui s'élevoient par reprises, sur-tout du nord à droite & à gauche vers l'orient & l'occident, de manière que le levant & le couchant d'hiver

---

(*a*) *Journal de Henri III. tom.* 1. *p.* 168. *édit. de* 1714.

(*b*) *Journal de Henri IV. tom.* 2. *p.* 88.

sembloient éclairés par l'incendie de plusieurs villes (*a*). On voit que les dispositions de l'air nécessaires à la génération du phénomène s'étoient étendues insensiblement du nord-ouest à l'est, & que peut-être y avoit-il un courant de matières phosphoriques répandu dans l'air que le vent entraînoit dans sa direction. On n'en douteroit pas si l'on savoit quel vent règnoit alors.

Le dix-sept novembre 1607, à Kaafburen en Suabe, vers la fin du quarante-septième degré de latitude, on vit malgré le clair de la lune des rayons rouges & blancs qui montoient de l'horison oriental & occidental jusqu'au sommet du ciel. Ils ne tendoient pas cependant directement au zénith, mais ils déclinoient de ce point d'environ vingt degrés du côté du midi, & ce qui est singulier c'est que malgré leur changement, & la succes-

____

(*a*) *Epist. ad Keplerum. fol. Lipsiæ, 1718.*

sion continuelle des uns & des autres, ils conservoient toujours la
même direction à ce point fixe (*a*).

On voit déja que les observateurs
commençoient à envisager les aurores boréales d'un œil plus assuré,
& n'y remarquoient plus que ce
que l'on devoit y voir. Il semble
que la vraie physique avoit fait
plus de progrès en Allemagne
qu'en France, & que ses lumières
y étoient plus répandues. Car on
trouve au sixième livre de la dé-
cade de Louis le Juste, par Baptiste le Grain, qu'il observa dans
Paris l'an 1615, sur les huit heures
du soir du 26 octobre, des hommes de feu au ciel qui combattoient avec des lances, & qui par ce
spectacle effrayant prognostiquoient
la fureur des guerres qui suivirent.
La Motte le Vayer qui rapporte ce
fait dans la soixante-dix-huitième
de ses lettres, qui a pour titre, *de la*

(*a*) *Epist. ad Keplerum. ub. sup. p.* 274.

crédulité, dit : « j'étois aussi bien
» que lui (Le Grain) dans la mê-
» me ville (de Paris), & je pro-
» teste pour avoir contemplé assi-
» dument jusque sur les onze heures
» de nuit, le phénomène dont il
» s'agit, que je ne vis rien de ce
» qu'il rapporte ; mais seulement
» une impression celeste assez ordi-
» naire en forme de pavillons, qui
» paroissoient & s'enflammoient de
» fois à autres, selon qu'il arrive
» souvent en de tels météores ;
» infinies personnes qui sont vi-
» vantes peuvent témoigner ce que
» je dis ».

C'est ainsi que raisonne l'homme
sage, le vrai philosophe, qui ne
voit dans les effets de la nature
que ce qu'ils présentent à la vue,
parce qu'il n'a pas l'imagination
prévenue par les préjugés populai-
res. Il étoit rare dans le commencement du dix-septième siècle de trouver des ames assez fermes, pour
résister au torrent des idées reçues,
dont la force étoit d'autant plus

grande, qu'elle étoit autorisée par
une tradition de plus de dix-huit
siècles. Pendant ce long espace on
ne vit les aurores boréales, & la
plus grande partie des météores
ignées, que comme des signes effrayans par leur grandeur, leur figure, leurs couleurs, qui tous portoient un caractère marqué de la
colère céleste. C'est sous cet aspect
que la plupart des hommes les considérèrent; & combien peu encore
osoient fixer leurs regards sur des
phénomènes qui ne leur annonçoient que désastres, qui faisoient
devenir fous ou mourir de frayeur
ceux qui osoient réfléchir sur leurs
suites funestes. Certainement, quelle
que fût l'ignorance & la crédulité
de la plupart des chroniqueurs qui
nous ont transmis ces faits; on doit
croire que leur récit, au moins quant
à ces circonstances, étoient vrais.
Nous en avons la preuve dans ce
qu'en rapportent Cornelius Gemma, & Baptiste le Grain, tous deux
écrivains instruits, mais subjugués

par l'erreur populaire. N'avons-nous pas eu occasion de citer des exemples de frayeurs mortelles, caufées par l'apparition fubite de quelques météores ignées, à laquelle les fpectateurs ne s'attendoient pas, même dans notre fiècle? Quoique l'on puiffe dire que depuis 1621, tems auquel le célèbre Gaffendi obferva l'aurore boréale qui parut au mois de feptembre, on ait commencé généralement à regarder fes phénomènes comme un fpectacle plus propre à étonner par la variété de fes accidens, qu'à infpirer de la crainte par les préfages que l'on pouvoit en tirer.

Nous ne nous arrêterons donc pas plus long tems fur les relations fingulières que l'on en a données pendant une longue fuite de fiècles. Si nous les avons rapportées, c'a été plutôt pour nous inftruire de l'état du ciel lorfque les météores ont paru, que pour donner quelque crédit aux idées que l'on s'en formoit alors. Les obfervations lu-

mineuses & exactes faites depuis
plus d'un siècle & demi, & dont
nous ferons mention dans la suite
de ce discours, ne nous laissent
aucun lieu de douter que les apparences de ce météore brillant dépendent entièrement de la quantité
de matières nécessaires à sa génération, & d'une disposition de l'air
propre à la mettre en mouvement,
qui ne se rencontrent que par intervalles & à certaines reprises,
souvent éloignées les unes des autres,
même dans les climats où on le
voit le plus souvent. Dès-lors il n'a
rien de déterminé pour le tems de
ses apparitions qui se suivent pendant quelques années, & cessent
tout-d'un coup. Il semble qu'il faille
un certain tems à cette matière
pour se rassembler, au moins à
quelque distance des terres polaires.
On peut supposer encore que lorsqu'elle existe en quantité suffisante,
il peut survenir des causes étrangères qui la dissipent ou la tiennent dans l'inaction. Mais lors-

qu'elle trouve une température favorable, alors elle se déploie avec
le plus grand avantage, & une petite quantité de matière suffit à
produire des phénomènes, que l'on
observe toujours avec étonnement,
que l'on ne regarde qu'avec une
sorte de respect, par ce qu'il y en
a peu où les forces de la nature se
développent avec un appareil plus
majestueux & plus frappant. Nous
ne parlons ici que de nos climats
assez éloignés des terres Arctiques,
pour que ce météore y conserve
toujours le prix de la rareté.

§. VI.

Situation ordinaire des aurores boréales.

Toutes les observations que nous
avons rapportées jusqu'à présent,
depuis Aristote jusqu'au commencement du dix-septième siècle, nous
apprennent que les aurores boréales
ou les phénomènes de la même es-

pèce, ont toujours été vus au-dessus du pole boréal préférablement
à tout autre endroit du ciel. Leur
lumière y est souvent plus brillante
que celle de la pleine lune ; lorfqu'elles commencent à s'éteindre
elles font remplacées par un crépuscule lumineux qui augmente
d'éclat & de durée à mesure que les
nuits deviennent plus longues. Le
peu de ces météores que l'on a pû
observer du côté du pole austral,
prouvent qu'ils paroissent de même
au-dessus de ce pole.

Dans ces derniers tems où les
aurores boréales ont été assez fréquentes, dans toutes celles que j'ai
observées, j'ai remarqué constamment, que si l'on commençoit à voir
quelques effets de leur lumière ou
du côté du levant, ou du côté du
couchant, ils se rassembloient toujours de préférence sur le nord ;
c'est-là où le phénomène se termine, & de toutes les circonstances
qui le caractérisent, c'est celle qui
lui est la plus propre.

Cependant il arrive affez communément que la matière lumineuse décline vers le couchant, dans le fort de la fermentation, lorfque les effets de la lumière font les plus vifs. Il peut arriver encore que la difpofition de l'atmofphère foit affez favorable au développement du phénomène, pour que les jets de lumière partent de tous les côtés de l'horifon, & forment entr'eux une vafte couronne lumineufe, dont les rayons aboutiffent au zénith comme à leur centre commun : c'eft ce que l'on voit dans la plûpart des aurores des terres Polaires, où elles paroiffent avec toute l'étendue & toute la magnificence dont elles font fufceptibles. Quelquefois nous avons eu ce fpectacle dans nos régions tempérées : il devoit fans doute fon exiftence à une quantité fuffifante de matière répandue dans notre atmofphère, & à une température favorable à fa production. L'expérience & l'obfervation doivent fixer nos idées à ce fujet.

§. VII.

Quelles font les matières qui entrent dans la compofition des aurores boréales.

Les plus habiles phyficiens ne doutent plus que les météores ignées ne foient l'effet des exhalaifons fulfureufes & de l'acide nitreux qui fermentent enfemble dans l'air. La fermentation de ces matières condenfées produit les éclairs & les foudres : les mêmes matières aufli en effervefcence, mais confervant leur ténuité d'origine & leur première raréfaction, ne produifent que les aurores boréales. Les premiers de ces météores fe forment près de la terre, les autres à une plus grande hauteur ; & c'eft cette différence de fituation, ou la denfité plus ou moins grande de la matière, qui change l'efpèce du phénomène.

Comme on ne peut pas dire que

la chaleur du soleil soit le principe
immédiat de la fermentation qui
se fait dans les nuées, d'où sortent
les éclairs & la foudre, puisque ces
météores paroissent autant de nuit
que de jour; de même on ne doit
pas regarder l'action du soleil comme la cause immédiate des aurores
boréales, puisque leurs phénomènes les plus brillans ne se montrent
dans tout leur éclat, que long-tems
après que le soleil ne paroît plus
sur l'horison septentrional.

Il est donc sensible que ces sortes
d'exhalaisons sulfureuses, bitumineuses & nitreuses s'enflamment
d'elles-mêmes, & sans le secours
d'un feu étranger. Et si quelque agent
les détermine à l'incendie, c'est plutôt le fluide ignée terrestre, dont les
effluences se portent dans le plus
haut des airs, que la chaleur du
soleil. Aucune substance ne s'allume
plus aisément que le soufre & le
bitume. Ces matières huileuses contiennent une infinité de petites cellules ou pores pleins d'un air dont

le ressort est toujours bandé, & d'un
fluide subtil agité très-rapidement.
Quelques degrés d'agitation de
plus, ces petites cellules se brisent,
& la matière qu'elles renferment
prend un mouvement accéléré en
tout sens, qui fait briller la flamme à nos yeux. Le souffle des vents,
ou la rencontre & le choc des nuées,
peuvent donner ce nouveau degré
de mouvement, & causer l'inflammation. Souvent on voit dans les
lumières septentrionales, les nuages s'allumer à la rencontre les uns
des autres. Ils ne sont pas tous formés des mêmes matières, & leur
opposition entr'elles produit cet
effet. La chymie nous apprend que
pour causer des inflammations su-
bites, il ne faut que mêler un acide
quelconque à une substance sulfureuse. Si on verse, sur un mélange
de poudre à canon avec de l'huile
de gérofle, un peu d'eau forte ci-
trine, on voit tout-à-coup des flammes, des globes, des cones de feu
sortir du mélange de ces liqueurs
froides.

On trouve aisément dans les terres Polaires, la cause constante de ces feux aëriens, si on considère avec quelle abondance les exhalaisons nitreuses doivent s'élever de ces masses énormes de neige qui les couvrent. On connoît assez la configuration des particules nitreuses dont les angles sont aigus & pénétrans, pour concevoir leur manière d'agir sur les particules sulfureuses souples & élastiques & comment elles en font sortir le feu qui y est enfermé.

Nous avons déja parlé de l'abondance des neiges qui tombent à Torneo & dans les montagnes de la Laponie (a) : les relations des voyages faits au nord, nous instruisent sur la quantité & la durée de celles que l'on voit dans le Groenland, la nouvelle Zemble & le Spitzberg. On a observé que la

______

(a) V. le discours 4. tom. 3. & le discours 11. tom. 7. de cette histoire.

bruine

bruine qui couvre la surface de ces terres & des mers voisines d'une poussière blanche & très fine, qui s'attache aux feuilles des arbres, aux cheveux des hommes, aux poils des animaux, ressemble à de très-petites aiguilles qui brillent en tombant, s'accrochent les unes aux autres, & forment des espèces de trames semblables aux toiles d'araignées. Nous voyons le même effet du froid en hiver dans nos provinces septentrionales, où les exhalaisons quoiqu'insensibles s'accumulent sur les cheveux, les poils des animaux, la surface des habits, sous la forme de petites aiguilles qui s'entassent les unes sur les autres. Je distingue ici les exhalaisons des vapeurs, celles-ci au même degré de froid se réunissent & se glacent. Etant en campagne au mois de janvier 1762, le froid étoit si vif le matin du 8, que je m'apperçus que les vapeurs qui sortoient par les naseaux de mon cheval se glaçoient & s'accumuloient assez

Tome X. F

pour former, en moins d'une heure & demie, un glaçon de plusieurs pouces de longueur ; il se formoit en même-tems une croûte de glace transparente autour du capuchon dont j'avois la tête couverte. Ces froids rigoureux doivent nous donner une idée sensible de celui des terres Arctiques, & de la manière dont l'air y est modifié.

Pendant l'hiver de ces climats, l'atmosphère ne recevant plus aucune chaleur, ni aucun mouvement des rayons du soleil, qui est long-tems caché sous l'horison, les particules nitreuses que l'action du soleil séparoit les unes des autres, se réunissent alors & se condensent au point de former des flocons d'une sorte de neige, qui en s'accumulant acquiert la dureté du marbre, & tantôt est transparente comme la glace, tantôt est opaque & teinte d'une couleur bleuâtre qui tire sur celle du vitriol. Cependant ces neiges, malgré leur densité extrême & leur dureté, renvoient dans l'at-

mofphère les exhalaifons les plus
froides & affez actives pour glacer
même l'efprit de vin qui n'eft pas
exactement rectifié. Elles agiffent
fur les corps de la manière la plus
cruelle ; elles font éclater la peau,
fortir avec violence le fang de la
bouche & des narines, dans lefquelles elles pénètrent comme des coins
que l'on y chafferoit à force : fouvent
encore elles font tomber les mem-
bres qu'elles détachent du corps.

A mefure que les neiges s'accumulent, l'effluence des exhalaifons
devient plus forte : les efprits nitreux étant très-volatils, s'élèvent
à une grande hauteur, & empor-
tent, attachées à leurs pointes,
plufieurs autres exhalaifons terreftres, & probablement le foufre
fubtilifé, & l'huile inflammable
que les opérations de la chymie
tirent de la neige, en quoi ils femblent dirigés par la nature même.
La feule force du fluide ignée terreftre fait fortir de cette matière
filtrée dans les fentes des rochers

du Spitzberg & du Groenland, une liqueur rouge, dont les ruisseaux viennent teindre la neige qui est au-dessous.

Les premières couches de ces particules nitreuses répandues dans l'air, chassées par une abondance de particules semblables, qui les suivent, pénètrent avec impétuosité dans les globules légers des soufres répandus dans une région plus haute de l'atmosphère, en déchirent l'enveloppe; & fournissant un aliment au nouveau feu qu'elles en tirent, elles allument un incendie général dans les nuées, qui alors étincellent de toutes parts.

Pour déterminer la vivacité & la rapidité de ces feux, leurs directions, & leurs mouvemens divers, droits, obliques, tortueux, il faudroit connoître la quantité de matière sulfureuse répandue dans l'atmosphère, à quel degré elle est électrique, raréfiée & élastique; & en même-tems la quantité, la direction, la force du coup ou de l'action de la matière nitreuse & des autres exhalaisons qu'elle entraîne avec elle, & qui ne font point inflammables. Mais qui oseroit entreprendre de porter ses regards dans l'espace immense de l'air, où ces phénomènes paroissent? On a si peu d'observations sur ce sujet, & si détachées les unes des autres, qu'il faut se contenter des idées générales que l'on a de ces météores, d'après quelques descriptions qui paroissent exactes, des expériences qui y font relatives, & des inductions que l'on tire de l'analogie des différens phénomènes ignées & aëriens, dans la génération desquels la nature semble opérer par les mêmes moyens, des effets qui feroient toujours semblables, si des causes secondes & locales ne les déterminoient à se montrer sous d'autres formes. Ce font ces idées, ces conjectures qu'il faut combiner entr'elles, pour en tirer les conséquences, sinon les plus vraies, du moins les plus vraisemblables. F iij

§. VIII.

Action & réaction des matières qui produiſent les aurores boréales, & cauſes de leurs phénomènes variés.

La matière ſulfureuſe ayant été répandue dans toute la région ſupérieure de l'atmoſphère des terres Arctiques, par la longue & continuelle action des rayons du ſoleil qui les ont éclairées pendant quatre mois, peu après que le ſoleil a diſparu, les exhalaiſons nitreuſes s'élèvent de tous les points de l'horiſon, d'où il s'enſuit que dans ces contrées les aurores boréales peuvent ſe former à tous les côtés du ciel, & paroître au midi comme au nord, au levant & au couchant.

Dans le tems que ces exhalaiſons ſont le plus abondantes, la matière ſulfureuſe bien diſpoſée, s'enflamme ſans qu'il ſoit beſoin d'une longue fermentation, dans

la partie de la nuée la plus denfe ;
& cela en raifon de la qualité de
la matière, ou de l'efpace vuide
laiffé entre fes parties féparées les
unes des autres, par le mouvement
qui les a enflammées, & qui paroît
d'abord abforber la lumière : ce qui
donne à cette partie du phénomène
l'apparence de gouffre, fous laquelle les anciens l'ont toujours
défigné principalement.

. Cette prompte fermentation eft
bientôt fuivie d'étincellemens, de
flammes ondoyantes, & d'un mouvement de projection, femblable
à celui des phofphores qui, expofés
à l'air, s'allument & répandent leurs
étincelles fur toutes les matières
combuftibles qui les environnent.
La flamme une fois allumée, fuit
dans fon expanfion les ruiffeaux de
la matière inflammable, & fa vé-
locité eft fi grande, que femblable
à un fleuve d'eau douce qui conferve long-tems dans la mer fa couleur & fon mouvement d'origine,
elle ne quitte point fon cours di-

rect, & en marque par-tout les traces, même à travers les nuages, fous la forme de bandes de feu, de queues lumineufes, de cylindres ardens, perpendiculaires à l'horifon ou un peu inclinés.

Si la flamme en s'étendant trouve une quantité affez confidérable de matière non inflammable qui l'arrête & la divife, alors elle court dans les efpaces vûides, c'eft-à-dire par-tout où elle ne trouve point de réfiftance, & on la voit briller fous la forme de gouttes féparées, femblables à l'effet du phofphore du mercure qui paroît, lorfqu'on l'agite, tomber en pluie de feu. Plufieurs de ces gouttes lumineufes venant à fe réunir forment ces feux fufpendus qui fe diffipent promptement, ou fe multiplient & fe renouvellent fuivant les obftacles, ou l'aliment qu'ils trouvent dans le phlogiftique répandu dans l'air. Les anciens y virent des chèvres bondiffantes, des javelots étincellans : la crédulité & la frayeur y repréſentèrent enſuite des cadavres ſanglans, des têtes arrachées de leurs troncs, des armées de combattans ſuſpendus dans l'air, des pluies de chair & de ſang.

Si la matière enflammée eſt contrainte par la matière non inflammable à prendre une direction circulaire, alors on voit les bandes, les cylindres, les queues ſe courber & former autant d'arcs concentriques. L'abondance du phlogiſtique peut étendre le ſommet de ces arcs juſqu'au méridien, ſemblables à ces jets d'eau qui ſe courbent en ſe croiſant, ils peuvent former entr'eux différentes figures qui nous paroiſſent régulières, parce que dans l'éloignement, l'évaporation qui ſe fait en forme de fumée par les bords des bandes ou des cercles devient inſenſible.

Que l'on conçoive que la matière non inflammable repouſſe celle qui eſt enflammée, & la force à tourner en rond, alors le mouvement du fluide lumineux la déterminera à

F v

repréfenter une couronne. Si plufieurs de ces tourbillons enflammés
ont un centre commun fur des plans
de hauteur différente, & qui s'é-
lèvent parallèlement à l'horifon,
alors on aura l'idée du méchanifme
de ce phénomène admirable, que
les obfervateurs ont défigné fous
le nom de lanterne de coupole. Elle
brille à fon zénith d'une lumière
douce, de même que la couronne
fimple, parce que la matière de la
flamme qui a déja parcouru un grand
efpace de l'air eft évaporée en partie, & n'a plus affez de force pour
conferver ce mouvement de vibration qui répand l'incendie au loin,
& caufe un éblouiffement qui ne
permet pas de fixer les regards fur
la beauté du phénomène. C'eft un
feu clair & lumineux, fixe pour
quelques inftans & tranquille, dont
la flamme eft d'autant plus foible,
que la matière eft plus atténuée, &
que les fubftances qui l'environnent
ne font point inflammables. C'eft
pour cela que ce phénomène fi fin-

gulier est de peu de durée, parce que la flamme faute d'aliment se dissout bientôt, & s'évapore en une matière lumineuse insensible.

Les mouvemens des arcs concentriques, des couronnes & des autres feux aëriens, ressemblent aux ondulations des bannières, non qu'ils soient aussi continus; mais la flamme en s'étendant d'une matière à une autre, bien qu'elle s'éteigne successivement, laisse sur l'œil du spectateur une impression forte & durable, qui lui représente l'incendie comme continu, parce que cette impression toujours renouvellée est suivie sans intervalle de la même sensation. Il arrive donc que le spectateur en estimant la durée de l'incendie, joint une impression à l'autre; & imagine l'ondoyement lumineux aussi continu, qu'il croit voir réellement un cercle de feu, marqué en l'air par un tison ardent que l'on tourne en rond avec rapidité. Il n'est cependant pas douteux que l'incendie qui s'allume

dans l'air, quelque vif qu'il paroiſſe ne ſoit ſucceſſif, quoique tout-
d'un coup le ciel ſemble en feu. On
peut donc ſe repréſenter cette ſuc-
ceſſion réelle plutôt que la voir,
car il eſt impoſſible de ſéparer l'illuſion de l'optique, du développement ſucceſſif de la flamme.

La flamme du nitre enflammé
eſt rouge ou bleu, celle du ſoufre
eſt jaune orangé, ou jaune clair tirant ſur le verd : ce ſont les deux
couleurs dominantes dans les aurores boréales : & quand toutes les
autres indications manqueroient,
ces deux ſeules ſuffiſent pour en
conclure que l'inflammation de ces
deux ſubſtances forme tous les phénomènes de ce météore. Les matières d'une eſpèce différente qui
s'élèvent avec les exhalaiſons ſulfureuſes & nitreuſes; qu'elles ſoient
tranſparentes ou opaques, inflammables ou non, en réfléchiſſant la
lumière ſe teignent de diverſes couleurs. C'eſt du mélange de ces matières qu'eſt formée cette tapiſſerie

brillante dont le ciel eſt couvert en partie. C'eſt ainſi que l'on voit ſortir du fond du Véſuve des flammes de différentes couleurs, rouges, jaunes, pourpres, bleues, vertes, & qui laiſſent même après qu'elles ſont éteintes l'impreſſion de ces couleurs ſur les terres & les pierres qu'elles n'ont pas conſumées.

Cette couleur ou lumière flammée, ſemblable par ſes accidens à nos taffetas, qui étoit vue des anciens ſous l'apparence de morceaux de chair ſanglans emportés dans l'air, où ils devenoient la pâture des oiſeaux, indique que le nitre eſt plus abondant que le ſoufre dans les exhalaiſons qui entrent dans la compoſition de ces météores, lorſqu'ils paroiſſent dans tout leur éclat; ce qui eſt analogue à l'état des terres Polaires. Au reſte ce voile eſt ſi léger que l'on voit à travers les conſtellations, ce qui porte encore à penſer que le nitre y domine plus que le ſoufre. Les chymiſtes tirent de la neige la plus pure, une liqueur fort rouge, claire & tranfparente. M. Homberg eut, par extraction du foufre, une huile rouge comme le fang, mais fort denfe. Ces deux opérations font très-propres à conftater les conjectures que nous avons propofées fur la matière des aurores boréales, & à rendre raifon des couleurs variées de leurs phénomènes, où les exhalaifons nitreufes font plus abondantes que les fulfureufes.

Souvent en Angleterre on voit le foleil teint de cette couleur rouge & étincellante, qu'a le fer qui fort de la fournaife. Quelle eft la caufe de cette apparence ? finon les exhalaifons fulfureufes & falines portées en l'air par la fumée des charbons de terre que l'on brûle d'habitude dans le pays, qui teignent les vapeurs, à travers lefquelles paffent les rayons du foleil, de cette couleur rouge foncée & obfcure dont ils confervent la nuance, produite par les fels & les foufres exaltés ; tandis que le nitre

dominant sur le soufre ne donne
que cette teinte vermeille & transparente, qui est le fond de la couleur des aurores boréales. Ce qui
fait encore que leur lumière est si
brillante, c'est que l'exhalaison enflammée qui la produit n'est mêlée
que d'une très-petite quantité de
ces vapeurs qui donnent une couleur rouge à la lumière.

Lorsque le soleil est à quelque
élévation & que l'air est pur &
serein, sa lumière est éclatante &
d'ordinaire assez blanche , mais
presque toujours il paroît rouge à
l'horison , soit à son lever, soit à
son coucher. La cause en est que
les vapeurs laissent à la vérité des
passages libres à quantité de rayons,
mais beaucoup sont arrêtés par les
parties solides des vapeurs, & les
rayons libres & vifs, mais interrompus ou mêlés d'ombres répandent sur les objets une couleur rouge.
De-là on doit juger que la manière
dont les objets sont colorés, dépend
non-seulement de leur disposition

à recevoir les rayons lumineux, mais encore du milieu par lequel ils sont éclairés, ou au travers duquel on les voit.

Ajoutons que les exhalaisons sulfureuses & nitreuses étant toujours disposées à se combiner d'une manière uniforme dans les régions polaires, produisent toutes les nuits des phénomènes, qui ne diffèrent entr'eux que par les figures qu'ils prennent accidentellement, & par leurs mouvemens qui dépendent de la quantité, de la direction, de la force active & du mélange des exhalaisons.

Nous n'avons raisonné jusqu'à présent que sur les apparences les plus magnifiques de l'aurore boréale, & d'après la description que nous en avons donnée au commencement de ce discours : mais les voyageurs au nord parlent encore d'autres phénomènes qui sans doute sont produits par la matière des aurores boréales. Il s'élève dans le Groenland pendant la nuit, lorsque la lune eſt nouvelle ou ſur le point de ſe renouveller, une lumière qui éclaire tout le pays auſſi bien que la lune en ſon plein. Plus la nuit eſt obſcure, plus cette lumière ſeptentrionale eſt éclatante. Elle reſſemble à un feu volant, & s'étend en l'air ſous la forme d'une barrière longue & élevée. Elle paſſe rapidement d'un endroit à l'autre, & laiſſe après elle une trace de fumée; elle dure toute la nuit, & ne ſe diſſipe qu'au ſoleil levant. En Iſlande & en Norvège, quand le ciel eſt ſerein & que l'atmoſphère eſt bien débarraſſée de ces brumes épaiſſes qui l'obſcurciſſent ſouvent; on voit pendant la nuit une lumière ſeptentrionale ſous la forme d'une colonne de feu qui lance ſes rayons de toutes parts. Ces ſortes de lumières ſont communes & très-variées dans les terres Arctiques, & il paroît que les aurores boréales les plus magnifiques & les plus complettes ſe voyent en Laponie, parce que ſans doute l'évaporation des subſtances qui servent à les former, y eſt plus abondante, & se fait également de tous les points de l'horiſon viſible.

§. IX.

Obſervations ſur les aurores auſtrales, & ſur quelques modifications de la matière de ce météore vu dans tous les climats.

Les principaux phénomènes de l'hiſtoire des aurores boréales dont nous avons fait mention juſqu'à préſent, nous conduiſent naturellement à de nouvelles réflexions ſur le même ſujet. Leur ſiège principal doit s'étendre de l'atmoſphère des royaumes de Suède, de Dannemarck & de Norvège, par l'Iſlande & le Groenland juſqu'au Spitzberg. C'eſt là qu'on en voit habituellement pendant la longue nuit de l'hiver de ces climats. Si nous en avions des relations exactes & suivies, elles nous conduiroient à la découverte de beaucoup de faits & de circonstances qui nous font encore inconnus ; particulièrement sur le rapport qu'ont les aurores boréales à la distance du soleil, au degré du froid, à l'abondance plus ou moins grande des neiges dont la terre est couverte. La connoissance de toutes ces circonstances feroit nécessaire pour déterminer la loi par laquelle se fait l'union des exhalaisons nitreuses & sulfureuses, qui tient sans doute à la température de l'air propre à ces régions, & qui ne se faisant point ou du moins très-rarement, dans les climats plus chauds, c'est-à-dire au-delà du trente-cinquième degré de latitude, en tirant du pole à l'équateur, ne leur donne le spectacle d'aucune aurore, ou du moins elles y sont si rares qu'elles ne peuvent devoir leur existence qu'à une température très-extraordinaire.

Rien n'est plus commun dans

nos climats que de voir des aurores
boréales, elles sont à présent si connues qu'il n'y a plus que le peuple
le plus grossier & le plus ignorant
qui s'en étonne, ou qui en tire
quelques présages relatifs aux idées
qui l'occupent & à ses connoissances
bornées. Mais dans l'un & l'autre
hémisphère, si on les apperçoit à
une latitude voisine de l'équateur,
elles ne doivent s'y présenter que
comme un phénomène bien extraordinaire & si rare qu'il n'est pas sur-
prenant que les peuples en soient
effrayés. Telle fut celle qui parut
au-dessus de Cusco au douzième
degré de latitude-sud, le 20 août
1744, & qui y jetta la plus grande
consternation, le peuple, tant In-
dien qu'Espagnol, la prit pour un
présage de la fin du monde ; & ce ne
fut qu'avec beaucoup de peine que
M. le marquis de Valle-Umbroso,
corrégidor de la ville, parvint à
faire comprendre à la populace effrayée, que ce phénomène étoit
produit par des causes purement

naturelles (*a*). Et fans doute que l'autorité du corrégidor calma cette populace, fans la raffurer beaucoup ni la perfuader.

Les relations des nouveaux voyages faits aux terres Auftrales n'en parlent point. Cependant foit que le mouvement diurne de la terre raffemble la matière de l'aurore boréale autour du pole arctique, foit que les émanations des neiges & des glacés qui couvrent ces terres, en fourniffent continuellement la matière, qui prend dans leur température les modifications propres à produire ces apparences lumineufes; il eft probable que les mêmes caufes doivent avoir les mêmes effets dans le voifinage du pole antarctique. Mais comme de ce côté il n'y a point d'habitation permanente connue, placée à une affez grande latitude pour apper-

____

(*a*) *Mém. de l'acad. des fciences, ann* 1745. *hift. pag.* 17.

cevoir les aurores auſtrales, & que
même les ſeuls endroits de ces mers
fréquentés quelquefois par les navigateurs, ſe réduiſent à la pointe
de l'Amérique méridionale, l'iſle
d'Anican, la Terre de Feu, les dé-
troits de Magellan & de le Maire,
la Terre des États, & enfin le cap
de Horn, qui par rapport aux aurores auſtrales ſont dans le même
cas que l'Angleterre, la Poméranie
& le Dannemarck, par rapport aux
aurores boréales : ces parages aſſez
peu fréquentés, offrent encore d'autres difficultés, qui doivent y rendre les obſervations de ce météore,
extrêmement rares. Ils ſont dange-
reux & difficiles à tenir, & ſi quelque voyageur eſt aſſez courageux
pour tenter d'y faire quelques obſervations, elles ne peuvent être que
fort incertaines. Les navigateurs
occupés des ſoins d'une navigation
pénible, & des dangers qui ſe ſuccè-
dent dans des mers peu connues, ou
négligent de remarquer les aurores
auſtrales, dont la plupart ne ſoup-

connent pas l'exiſtence, ou les con-
fondent avec d'autres météores ;
Enfin le ciel y eſt rarement ſerein,
& l'air y eſt preſque toujours chargé
des brumes les plus épaiſſes. Ajoutons encore que ces mers ne ſont
pas tenables dans le tems ou les
aurores auſtrales doivent y être les
plus brillantes : c'eſt la ſaiſon de
l'hiver, les jours y ſont très-courts,
& le froid y eſt d'une rigueur inſupportable. Les vaiſſeaux n'y peuvent maneuvrer, les agrêts durcis
par la glace qui les couvre ſe briſent,
& il eſt preſqu'impoſſible de ſe tirer
de ces mers, quand on s'y trouve
engagé dans cette ſaiſon horrible.

Cependant on y a vu des apparences d'aurores auſtrales. Dom
Antonio de Ulloa ayant doublé le
cap de Horn, en apperçut quelques-
unes, mais il ne put jamais les obſerver plus long-tems que trois ou
quatre minutes de ſuite, & ſouvent
beaucoup moins de tems : les amas
de brouillards chaſſés par le vent,
& qui reſſemblent en ces parages,

beaucoup plus à d'épais nuages pe-
lotonnés, qu'à des brouillards ordinaires, lui en déroboient à chaque inftant la vue. L'état de l'air
étant tel, on ne doit pas être furpris que l'aurore auftrale, qui jufqu'alors avoit été inconnue, n'ait
jamais été qu'imparfaitement obfervée, ou même méconnue de la
plupart de ceux qui auroient été
capables de la reconnoître. C'en
étoit probablement une que Frezier
remarqua en 1712, au travers des
brouillards, en doublant le même
cap, & qu'il qualifie de lumière
différente du feu Saint-Elme, &
des éclairs (a). Cette lumière blanche que l'on voit conftamment autour du pole auftral, qui s'étend
& qui fe refferre, dont l'éclat n'eft
pas même effacé par celui de la lune,
n'eft-elle pas une efpèce d'aurore
propre à ces climats?

(a) *Mém. de l'acad. des fciences, ann.*
1751. pag. 40.

On

On n'a fait aucune observation qui y eût rapport dans les terres Australes connues, plus voisines de l'équateur. Il en est de même des voyageurs dans l'Inde, la Perse, l'Egypte, & dans toutes les régions situées entre les tropiques ou dans leur voisinage; ils n'en font aucune mention. Dans la Perse les exhalaisons sulfureuses font si condensées, que certains vents impétueux venant à s'en charger étouffent les passagers, s'ils ne font prompts à se jetter la face contre terre, pour respirer un air moins brûlant. La même chose arrive dans l'Arabie Pétrée. Dans d'autres régions parallèles, la quantité des vapeurs humides que le soleil attire & qui se dissolvent en pluie & en rosée, répandent par-tout une fraîcheur & une humidité qui empêchent que les feux emphatiques de l'aurore boréale ne s'étendent.

Ces premières observations portent déja à conjecturer que la vapeur lumineuse ne s'élève pas au-

Tome X. G

deſſus de la hauteur ordinaire de l'atmoſphère; ainſi que nous eſſayerons de l'établir, lorſque nous aurons à parler du degré d'élévation des aurores boréales. Mais il ſe peut faire que l'atmoſphère d'une grande étendue de pays ſe trouvant diſpoſée de même, les exhalaiſons ſulfureuſes y étant également preſſées & agitées par les exhalaiſons nitreuſes, leur choc mutuel produiſe, non les mêmes phénomènes individuellement, mais une continuité de phénomènes ſemblables, qui exiſtent par les mêmes cauſes. C'eſt ainſi que l'on peut expliquer la génération de cette grande aurore boréale qui fut obſervée dans toute l'Europe, le 18 janvier 1770, & dans laquelle on vit à Cadix, à Gènes, à Rome, à Vienne, dans toute la France, en Hongrie & juſque dans les royaumes du nord, les mêmes variations de lumière, & à-peu-près les mêmes phénomènes.

Une température égale, c'eſt-à-dire une diſpoſition ſemblable d'air

froid ou chaud se fait sentir en même-tems dans plusieurs régions de
l'Europe fort éloignées les unes des
autres, depuis le quarante-cinquième degré de latitude jusqu'au
cercle polaire & au-delà. C'est ce
que l'on a éprouvé dans l'hiver de
1767 à 1768, le froid fut à un
degré d'intensité fort égal, relativement à la position des lieux où
les observations furent faites, dans
toute la vaste étendue des pays qui
sont entre les Pyrenées, les Alpes,
& les extrémités du nord. A partir
de cette observation qui est incon-
testable, il n'y a point de contra-
diction à donner plus d'étendue à
l'universalité des météores, & à
supposer qu'une grande partie de
l'atmosphère de notre zone tempérée s'impregne en même-tems
de vapeurs sulfureuses & nitreuses,
propres en certaines circonstances
à se dissoudre & à étinceller.

Comme il n'y a rien de bien
décidé sur la hauteur des aurores
boréales, & que l'on sait par mille

observations qu'elles se forment quelquefois dans les nuages, ou dans les intervalles qu'ils laissent entr'eux; on peut conclure avec les plus exacts observateurs, que pour expliquer les phénomènes de ce météore, il ne faut pas imaginer sans nécessité une matière nouvelle, dont l'existence est très-incertaine, tandis qu'on peut leur assigner une matière connue, aussi propre à former les aurores imparfaites & rares de nos climats, que celles qui font habituelles aux terres Polaires.

Un phénomène plus simple, & que l'on peut souvent remarquer pendant la nuit, est une nuée d'abord obscure, qui s'éclaircit ensuite, & enfin devient pourprée. Ces trois couleurs successives démontrent le commencement & les progrès de la fermentation des particules nitreuses & sulfureuses. C'est ainsi que s'engendre l'éclair, & pour concevoir comment se forme l'aurore boréale la plus brillante, il suffit de fixer la matière de l'éclair,

prolonger sa trace lumineuse, l'é-
tendre & l'entrelacer dans les différentes parties du ciel visible.

Voyez l'air se couvrir en été de
nuages qui l'obscurcissent de manière que les ombres de la nuit
semblent sortir du sein même de la
lumière : examinez les éclairs qui
partent des nuages en toute direction, à l'orient, à l'occident, au
midi & au nord. L'éclat de cette lumière momentanée, ne nous in-
dique-t-il pas que la matière en est
la même de celle de l'aurore boréale ? que toute la différence en est
dans la plus grande ou la moindre
densité, dans la durée inégale du
feu & de la lumière. Ces éclairs
foibles qui brillent pendant les
nuits d'été à tous les points de
l'horison, n'ont-ils pas le même
principe ? ils deviendroient de
vraies aurores boréales, si l'air plus
condensé par le froid étoit plus
chargé de particules nitreuses qui
agissent sur les soufres. Les raies,
les bandes, les queues, sont l'effet

du feu qui se développe, & qui étend ses flammes suivant les veines & la direction de la matière combustible, d'où résultent les couronnes, les coupoles & leurs lanternes.

Que cette matière soit la même que celle des éclairs & des foudres, on n'en doutera pas, si l'on fait attention aux deux phénomènes produits dans le même pays, sans doute par la même matière, mais dans un air différemment modifié. L'observation est d'autant plus intéressante que l'on est plus à portée d'en vérifier l'exactitude.

Le 31 août 1770, on apperçut à Conteville, château situé entre Honfleur & le Ponteau-de-Mer, vers les onze heures du soir une aurore boréale qui, dans son commencement, couvroit d'une lumière très-vive un grand tiers de l'horison, depuis le nord-ouest jusqu'au nord-est. Vers les onze heures & demie la partie du nord-est devint plus lumineuse, & parut un foyer brûlant d'où s'élançoient rapidement & coup sur coup des jets de feu & des globes enflammés, qui tour à tour repréfentoient un violent incendie, ou un feu d'artifice très-varié. A minuit & demi la partie du nord-oueft produifit prefque les mêmes effets, de manière que les jets de feu qui partoient inceffamment, les uns de deffus le Havre, les autres de deffus Quillebeuf, formoient une couronne enflammée, qui paroiffoit fe balancer fur le château de Conteville, ce magnifique fpectacle dura jufqu'à deux heures après minuit : il s'évanouit infenfiblement au coucher de la lune. Le lendemain il s'éleva du nord un vent très-violent, qui tourna la journée fuivante au fudeft. L'air qui jufqu'alors avoit été très-frais, fe réchauffa infenfiblement au point que vers les fix heures du foir, la chaleur devint infupportable. Alors le ciel parut en feu, & les éclairs fe fuccédèrent fans interruption jufqu'à minuit, accompagnés de continuels coups de tonnerre. La marée deſcendante diſſipa enfin cet orage.

Cette obſervation paroît bien faite; ne doit-on pas conclure de l'état de l'air, & de la variation des vents, que la même matière qui par un vent de nord-eſt peu violent, avoit ſervi à former la belle aurore boréale, portée plus loin par le même vent qui devint plus impétueux, fut ramenée enſuite par un vent contraire & plus chaud, à-peu près au même point de l'atmoſphère, où elle avoit ſervi à la génération d'un phénomène brillant, mais où ſe trouvant embarraſſée d'une plus grande quantité de vapeurs aqueuſes, elle produiſit les éclairs & le tonnerre qui durèrent aſſez long-tems pour faire croire que cette matière étoit très-abondante. Je remarquerai à ce ſujet que la température & les vents étoient à-peu-près les mêmes dans la plaine de Bourgogne qui s'étend le long de la Saône, d'Auxonne à Châlon, que le vent y fut nord-

est, le 31 août & le premier septembre jusqu'au soir qu'il tourna
au sud. Le 2 de septembre le vent
fut indécis, le ciel nébuleux par
intervalles, & l'air très-chaud. Le
soir il y eut de forts coups de vent,
& environ minuit des ouragans de
peu de durée, avec du tonnerre &
de la pluie. Les dispositions de l'air
étoient donc à-peu près semblables
dans les deux provinces, & on ne
doit attribuer les différences des
phénomènes, qu'aux suites de l'é-
vaporation locale.

Une grande partie des aurores boréales que l'on apperçoit dans nôtre
zone tempérée, ne sont pas dans
une agitation aussi marquée que celle
dont nous venons de parler; non
que leur matière soit sans mouvé-
ment, parce qu'on la voit changer
de situation, se replier en quelque
sorte sur elle-même, & ne disparoître que par degrés; mais les mouvemens en sont insensibles ou extrêmement lents, par rapport à la
densité de la matière enflammée.

Plus les pays font méridionaux, plus cette matière eft denfe ; elle peut même arriver à un tel degré de denfité, qu'elle devienne incapable de fermenter & de briller, & c'eft fans doute la caufe pour laquelle on ne voit prefque jamais d'aurores dans les pays chauds : ou fi on en obferve quelques unes, elles ne répandent qu'une grande lumière uniforme, beaucoup plus rouge que celle des aurores boréales, parce que les matières fulfureufes abondent plus dans leur compofition que les matières nitreufes.

On peut juger de la denfité de ces vapeurs par l'état de l'air à la furface de la terre dans les provinces méridionales de la Perfe. L'impreffion du foleil d'été y excite une chaleur peu différente de celle d'un incendie, & cette chaleur même y produit une vapeur fi épaiffe qu'elle obfcurcit le jour & change l'afpect des campagnes, en celui d'une fombre & vafte mer. Les anciens géographes font d'accord fur ce fait avec les voyageurs modernes les plus accrédités (a).

Il peut arriver cependant que l'on voie dans les pays méridionaux des aurores compliquées avec d'autres météores ignées, qui partent de quelques nuées très-vifibles & qui en fuivent le mouvement. Tel fut le phénomène que l'on obferva à Conftantinople en 1754. On vit à l'occident une nuée oblongue, noire, épaiffe, qui lançoit des flammes ignées, vives, brillantes. Ces flammes fe portoient droit en haut, quelques-unes avoient une direction oblique; plufieurs reffembloient à des lames de feu, & elles étoient accompagnées d'une fumée bleue & fulfureufe, enfuite on entendoit quelque bruit en l'air. Cette nuée fe porta après cela rapidement au feptentrion, & occupa l'hémifphère boréal. Le bruit fe

____

(a) *Diodore de Sicile*, tom. 5. *l.* 17. *art.* 28. *de la trad. de l'abbé Terraffon*, & *voyages de Chardin.*

continuoit & devenoit plus ressem-
blant à celui du tonnerre; il tomba
ensuite de la grêle, qui fut suivie
de pluie, pendant laquelle la nuée
se porta à l'orient, en continuant de
lancer des flammes brillantes, pendant une heure environ que cette
matière & celle de la nuée purent
fournir à l'entretien de ces divers
météores, après quoi tout étant
consumé, le ciel redevint serein.

Ce phénomène singulier, dans lequel on ne peut méconnoître une
aurore bien caractérisée, ne devroit
nous laisser aucun doute sur les
matières qui entrent dans la composition des aurores boréales, &
qui est la même que celle des autres phénomènes ignées. On y voit
les effets des nitres & des soufres
bien marqués dans la formation de
la grêle & du tonnerre; une partie
de ces mêmes substances plus atténuée produisoit les jets de feu, &
les flammes brillantes qui se portoient dans le haut de l'atmosphère;
une partie plus dense formoit les

tonnerres & la foudre ; les nitres
séparés de la matière sulfureuse,
mêlés avec les vapeurs aqueuses,
donnèrent d'abord de la grêle :
ces mêmes nitres fondus en quelque
sorte par une fermentation plus
grande qui s'établit dans la partie
inférieure de la nuée, se confondirent avec les vapeurs échauffées qui
tombèrent en pluie.

On doit donc imaginer diverses
températures dans les bandes de cette
même nuée, un très-grand froid qui
occasionna la formation de la grêle :
des soufres & des sels réunis plus
haut, qui, confondus dans une
grande quantité de matières aqueuses, ne laissoient pas d'y fermenter,
& d'y exciter par leur mouvement
un bruit considérable. Plus haut
encore, un air plus raréfié, pur &
dégagé de vapeurs, où les exhalaisons les plus subtiles servoient à
l'entretien des flammes que l'on
voyoit briller en l'air. Ce phénomène est l'un des plus remarquables que l'on ait observé ; on n'en

verra peut-être jamais de pareils dans les climats du nord, & ils font fort rares dans ceux du midi : mais on doit profiter de l'obferva-tion, pour fe faire une idée plus jufte de la température de l'air, où fe forment les aurores boréales, même dans le nord, & en conclure qu'il s'en faut beaucoup que l'air y foit auffi froid dans la région fu-périeure de l'atmofphère qu'il l'eft à la furface de la terre. La roideur des molécules glaciales qui rem-pliffent la bande inférieure de l'air, & à l'action defquelles on doit at-tribuer la fenfation douloureufe du froid, force toute la matière ignée à fe refferrer fur elle-même, & à s'échapper par les intervalles qu'el-le trouve libres, pour fe porter à une région plus haute, à laquelle ces mêmes molécules glaciales ne peuvent pas arriver à caufe de leur pefanteur. La matière ignée fe trou-vant alors en liberté fe développe avec promptitude & vivacité, & produit mille phénomènes brillans.

Dans les pays plus méridionaux,
en France & dans l'Italie septentrionale, la plus grande partie des
aurores boréales que l'on y apperçoit sont tranquilles, leur matière
s'accumule dans un air plus doux,
dont la température est plus analogue à ses qualités d'origine : elle
n'y reçoit pas d'une opposition trop
forte, cette impulsion marquée qui
redouble son élasticité , & occasionne ces mouvemens si vifs, dès
qu'après avoir été gênée, elle peut
se développer librement; ce qui
arrive à différentes hauteurs.

L'aurore boréale observée à Londres le 17 mars 1716, étoit dans
un très-grand mouvement, & devoit être à une hauteur médiocre,
puisqu'on entendoit distinctement
les sifflemens, les bouillonnemens,
le bruissement, la détonation même des matières dont elle étoit
formée. Les traits de feu qui ser-
pentoient dans l'air, étoient à une
hauteur si médiocre, que les spectateurs peu instruits, & les fem-

mes sur-tout que la curiosité du spectacle avoit fait sortir de leurs maisons, craignoient que ces espèces de fusées ne tombassent sur leurs têtes. Cette crainte étoit chimérique, & ces matières se dissipent en l'air, sans qu'il en tombe jamais rien à terre ; c'est ce qui est cause de la difficulté de les connoître. Mais il ne faut pas révoquer en doute ces différens bruits, & les attribuer, soit aux mouvemens, aux cris des spectateurs placés à diverses distances & qui peuvent être entendus de fort loin dans le silence de la nuit, soit au bruissement de l'air agité par les vents, & redoublé par les obstacles qu'il trouve dans les arbres & les autres corps solides qui s'opposent à son cours(a).

____

(a) M. l'abbé Conti qui étoit alors à Londres, & qui observa cette aurore boréale avec autant de tranquillité que d'aisance, nous garantit la réalité des bruits différens qui accompagnèrent ce météore; que l'on ne doit attribuer ni à l'air agité par les vents, ni aux cris & aux murmu-

Qui est-ce qui a observé avec attention les différentes exhalaisons qui s'allument dans l'atmosphère pendant les nuits d'été & quelquefois en hiver, lorsque le ciel est serein & que l'air n'est pas chargé de vapeurs bien condensées, & n'a pas entendu le sifflement qu'elles produisent dans leur course, & la

---

res des spectateurs, ni à aucune autre cause étrangère au phénomène; dont la matière, remarque-t-il, n'étoit certainement pas à soixante-douze lieues de hauteur.... *Io posso assicurarlo che niuna di queste cose cagiono, il fischio, il sibilo, lo scroschio, e talora le detonazioni d'ell' aurora di Londra. Io la vidi comodamente, sovra una terrazza in casa di madama di Varene, e meco verano molti sig. Italiani, e d'altre nazioni, con molte dame a' quali poco piaceva il romore di que' tazzi volanti, temendo che le fiammelle le quali strideano e gocciolavano nell' aria loro cadessero sul capo, ma queste fumando si dileguavano. Io non posso concepire, come potesse udirsi tanto strepito che talora dégénerava in detonazione, n'ell' ipotesi che la materia che ardeva e scopiava fosse 72 leghe ed ancora piu alta. Riflessioni su l'aurora boreale, in-4°. pag.* 15.

détonation légère par laquelle elles
se terminent. Il y a plus, si on est
dans un lieu élevé, lorsque le ciel
étant d'ailleurs serein, l'atmosphère
brille d'une quantité d'éclairs qui
se succèdent pendant la plus grande
partie de la nuit; si l'on est tranquille & loin de tout bruit, l'on
entend un sifflement très-foible à
la vérité, mais qui désigne l'action
de la matière enflammée sur l'air.
Or que sont ces phénomènes, sinon des aurores imparfaites, dans
lesquelles la matière sulfureuse domine, & qui prendroient beaucoup
plus de consistance, avec des accidens plus variés, si le nitre y étoit
aussi abondant que dans les aurores
polaires; si l'air étoit plus froid,
plus condensé, & opposoit plus de
résistance à l'expansion de la flamme. Ce bruit, quelque léger qu'il
soit, porte à conjecturer que les
grandes aurores boréales, dans leurs
différens mouvemens, si prompts,
si étendus, si remarquables, doivent modifier l'air de façon à y pro-

duire des fons fenfibles ; ou fi l'on n'en entend rien, c'eft que les ex-halaifons font au plus haut degré de ténuité & de raréfaction : ce qui en certaines aurores ne doit pas être, telle que celle de Londres dont nous parlons. Le mélange des fumées épaiffes répandues de toutes parts dans l'air, par les charbons de terre que l'on brûle dans toute l'Angleterre, donnoit plus de den-fité aux vapeurs & aux exhalaifons dont étoit formée cette aurore bo-réale, & plus de réfiftance à l'air où elle fe développoit.

En quelque climat que fe for-ment les aurores, leurs variétés ac-cidentelles ont les mêmes caufes que celles des aurores polaires. Les couleurs, blanche, vermeille, pour-pre, qui teignent les bandes, les colonnes, les arcs, les coupoles, font un réfultat de la combinaifon du nitre & du foufre enflammés, & mélangés à divers degrés. Dans l'aurore boréale qui fut obfervée à Padoue, à Venife, à Rimini, à

Bologne en 1737, la couleur de la lumière tranquille qu'elle rendoit étoit si éclatante, que suivant les observations faites à Rimini, elle occupoit presque tout l'hémisphère visible : elle interceptoit la lumière des étoiles, & donnoit une couleur de rouge ardent à toute la plage, à la mer, au sable, aux maisons, aux personnes mêmes, & aux vaisseaux qui étoient au port, de façon que toute la masse de l'air paroissoit impregnée d'une même matière.

Pendant les froids violens qui précédèrent cette aurore, il s'éleva la plus grande quantité d'exhalaisons nitreuses, dont la vive action sur les particules sulfureuses toujours abondantes dans ces climats, & dispersées dans l'atmosphère par les chaleurs de l'été produisirent cette lumière ardente : c'est ce qui distingue les aurores que l'on voit en Italie de celles des climats plus septentrionaux. L'éclat de celle-ci fut au commencement si vif, que tout le peuple ne douta pas qu'il

ne fût la réflexion des flammes d'un
grand incendie ; il courut du côté
d'où partoit la lumière, croyant
trouver quelque village, ou quelque forêt en feu. C'est le premier
sentiment du peuple par-tout où
les aurores boréales ne sont pas
fréquentes, ou commencent à se
montrer après un long intervalle
d'absence ; on attribue la lumière
qu'elles rendent & que l'on voit
sortir de l'horison à quelque distance, à un incendie d'autant plus considérable, que la flamme éclaire davantage les ténèbres de la nuit. Il y a
eu beaucoup de ces météores depuis
quelques années, & le peuple sans
s'inquiéter de la cause physique, le
voit avec moins d'étonnement,
mais il y cherche toujours quelque
rapport moral avec les évènemens
extraordinaires ou singuliers, connus
dans son canton, & qu'il prétend
que ce phénomène désigne ou prédit,

Dans toutes les aurores le feu
s'éteint & se rallume successivement, ce qui leur donne encore

plus de conformité avec les incendies terreſtres, & contribue à faire illuſion aux peuples. Ainſi toute lumière augmente ou diminue, à meſure que l'on augmente ou diminue la matière qui lui ſert d'aliment. Souvent encore ces degrés d'affoibliſſement & d'éclat ſe font à l'alternative, & avec une ſorte de mouvement reglé. C'eſt ce que nous voyons arriver à la flamme de l'huile qui brûle dans les lampes, qui s'élève par élancemens, ce qui ſemble autant venir des efforts qu'elle fait ſur l'air, que du plus ou moins de difficulté qu'elle trouve à s'enflammer.

La durée de ces incendies aëriens, eſt toujours proportionnée à la quantité de la matière qui brûle & à ſa denſité. Ainſi il ne faut pas s'étonner ſi quelques-uns de ces météores obſervés dans les pays tempérés, ſe ſont maintenus pluſieurs jours de ſuite, & ont éclairé les nuits les plus obſcures d'une lumière éclatante. Ces beaux crépuscules d'hiver qui répandent au loin une clarté assez brillante, pour distinguer les objets élevés qui peuvent la réfléchir, ne sont-ils pas l'effet de ces mêmes matières fort dispersées & en petite quantité, mais qui ne laissent pas de s'allumer dans l'air, & d'y briller jusqu'à ce qu'elles soient entièrement consumées.

Tous ces phénomènes singuliers & brillans, qui se montrent dans l'obscurité de la nuit, auxquels on donne le nom de crépuscules anticipés, de lumière zodiacale, ne doivent-ils pas leur existence à une même matière ? & si tantôt ils sont plus rouges, tantôt plus blancs, cette apparence ne vient-elle pas de l'état de l'air à travers lequel on les apperçoit ? (*a*)

(*a*) C'est ce que donnent à présumer les observations suivantes. On apperçut le 5 mars 1769, à quatre heures & demie du matin, une lumière qui s'étendoit du nord-est jusqu'à l'est, & qui s'élevoit d'environ quinze degrés sur l'horison. Le foyer étoit

La philoſophie expérimentale
admet, ſinon comme un axiome,

---

au nord-eſt, & la lumière répandue dans
cet eſpace du ciel, étoit rougeâtre & ſemblable à celle qui précède ordinairement
le lever du ſoleil dans les grands jours
d'été. Ce phénomène ne ſe diſſipa que
dans un crépuſcule déja conſidérable. Les
obſervateurs ont donné à ce phénomène
le nom de *crépuſcule anticipé*, & on ne
voit pas pourquoi ils ne l'ont pas reconnu
pour être de la même eſpèce que l'aurore
boréale qui avoit paru le 26 février précédent, qui étoit tranquille & s'étendoit
du nord à l'oueſt. La différence qu'ils y
trouvent eſt que la lumière de l'aurore
étoit blanche, & celle du prétendu crépuſcule rouge. Mais la couleur de ces
ſortes de lumières ne dépend-t-elle pas
du milieu à travers lequel on les voit?
& n'obſerve-t-on pas ſur-tout en Italie,
& même dans le nord, une multitude
d'aurores dont la lumière eſt fort rouge?
— Il n'en eſt pas tout à-fait de même
de la *lumière zodiacale* obſervée du Havre
de Grace le 16 février 1769, à ſept heures
& demie du ſoir, & qui fut viſible juſqu'à
neuf, que le brouillard la déroba. On
peut regarder la matière de ce phénomène
comme une matière électrique, lumineuſe
fort atténuée. Les couleurs des bandes de
du

du moins comme une loi de rai-
fonnement, que les effets femblables ont une caufe femblable ; ce
qui fe vérifie toujours dans les mê-

---

ce météore léger, qui tenoient un peu de
celles de l'iris, étoient un effet de la lumière, modifié par les vapeurs répandues
dans l'atmofphère inférieure. Quand l'air
eft ferein & pur, cette lumière eft fort
femblable par fon effet à la voie lactée :
je l'ai obfervée très-fouvent, & je l'ai vue
changer de place, fe rapprochant indifféremment du nord ou du midi, de l'eft ou
de l'oueft ; car ces fortes de lumières n'ont
point de direction déterminée, mais jamais je ne les ai vues que fort blanches,
à une hauteur médiocre, puifqu'à la vue
fimple je diftinguois le mouvement de
leur matière, le développement de leurs
parties, & leur action les unes fur les
autres. La différence des obfervations vient
de ce que celles dont je parle ont été faites
fur un terrein très-élevé, en Bourgogne,
& celle du Havre au niveau de la mer,
& dans un air beaucoup plus épais, fi l'on
y fait attention on remarquera que cette
lumière fe montre plus fouvent dans les
années où il y a des aurores boréales que
dans les autres.

Tome X. H

mes circonstances. La philosophie
conjecturale, peut bien faire usage
du même principe, sur-tout dans
une question pour l'éclaircissement
de laquelle il ne faut pas porter ses
vues hors du globe terrestre & de
l'atmosphère qui l'environne. Mais
quantité de physiciens prétendent
que l'on doit tout-à-fait renoncer
à la philosophie conjecturale, parce
que, disent-ils, il ne s'agit pas de
savoir comment les choses peuvent
être, mais comment elles sont réellement ! mais n'est-il pas également
vrai que les connoissances humaines ne se perfectionnant que peu-
à-peu, on n'auroit jamais sans le
secours des conjectures, ni déterminé, ni continué ces expériences
que le célèbre Bacon appelle lumineuses (a); parce qu'elles portent

_____

(a) *De scientiarum ulteriore progressu
spes bene fundabitur, quum in historiam
naturalem recipientur & aggregabuntur com-
plura experimenta.... Quæ nos lucifera
appellare consuevimus.... Illa autem mi-
ram habent in se virtutem & conditionem:*

avec elles la lumière qui se répand sur l'esprit, en dirigeant ses réflexions sur un seul point, que d'abord il soupçonne, qu'il conjecture, & qu'il détermine enfin scientifiquement. Le doute que l'on ne propose que pour le convertir en certitude, est très-utile pour l'accroissement de la science.

Les phénomènes de la nature étant infinis en nombre, tout ce que l'on peut faire de mieux est de trouver une hypothèse qui serve à en expliquer la plupart. Il est permis à chacun de la chercher. Les erreurs dans ce genre ont au moins l'avantage d'inviter les plus clairvoyans à les faire connoître, & à les corriger. De nouvelles observa-

----

hanc videlicet quod nunquam fallant aut frustrentur. Cum enim ad hoc adhibeantur, non ut opus aliquod efficiant, sed ut causam naturalem in aliquo revelent, quaqua versum cadunt, intentione æque satisfaciunt, cum quæstionem terminent. .... Novi organi lib. 1. cap. 99.

H ij

tions perfectionneront l'hypothèse, & enfin on arrivera au point de la rendre plus satisfaisante. Celle qui regarde les nitres & les soufres exaltés comme la matière des aurores boréales, n'est peut-être pas tellement établie qu'elle porte avec elle la certitude de la conviction. Mais est - elle moins vraisemblable que celle qui va chercher dans l'atmosphère du soleil si éloignée de nous, dont la matière & les bornes nous sont également inconnues, la cause d'un phénomène qui paroît appartenir entièrement à notre globe.

§. X.

Caufes de l'incendie de la matière des aurores. Feux terreftres comparés aux feux aëriens, & fluide électrique confidéré relativement aux aurores.

Donnons plus d'étendue encore aux principes que nous avons propofés fur l'origine & la caufe des aurores boréales; examinons fi quelque agent plus fubtil que le foufre & le nitre n'entre pas dans le fecret de leur compofition. Le fluide fubtil, l'éther, principe de toute inflammabilité, dont les forces ne fe développent d'une manière fenfible que lorfqu'il eft joint à d'autres matières qui le refferrent & le retiennent, ne contribue-t-il pour rien à l'activité étonnante & aux phénomènes variés des aurores polaires? mais quelles matières font propres à l'envelopper? Quelques

chymistes ont prouvé par une ana-
lyse fort exacte, que cette enveloppe se fait sur-tout par le moyen
des particules nitreuses, dont les
filamens lanugineux s'assemblent
autour des globules de l'éther, &
en forment autant de petites masses
fort élastiques, & extrêmement légères & volatiles.

Ce fluide ne perd pour cela rien
de son énergie, & comme il pénètre dans tous les corps, d'autres
particules de cette même matière
subtile qui circulent à travers les
substances diverses dont la masse
de l'air est formée, viennent se
joindre à celles qui sont enfermées
dans les globules supposés, & en
augmenter la force motrice : de sorte
que pressés par l'air qui les environne, ils se portent très-haut dans
l'atmosphère, au-delà des bornes
que semblent fixer aux vapeurs &
aux exhalaisons les derniers termes
de la lumière des crépuscules, &
les indications du baromètre. Cependant à raison des enveloppes

nitreufes, il ne faut pas fuppofer
à tous ces globules la même légèreté fpécifique : les uns font plus
denfes, les autres plus raréfiés. Les
premiers reftent dans les bandes de
l'atmofphère les plus voifines de la
terre, les autres fe portent aux régions les plus hautes : les uns
& les autres fermentant avec les
foufres & les nitres fe diffolvent.
Les plus denfes embarraffés dans
le volume confidérable de vapeurs
aqueufes & d'autres exhalaifons,
dont font formées les nuées, y excitent une fermentation, fuivie
d'une violente chaleur, d'un feu
dans lequel fe fait la génération des
foudres & des éclairs. Les plus légers, portés beaucoup plus haut &
débarraffés des vapeurs, en fe bri-
fant produifent la matière des aurores, qui probablement n'eft accompagnée d'aucune chaleur : la
variété des teintes de leur lumière,
pouvant provenir d'autres exhalaifons terreftres, que l'on doit fup-

H iv

poser extrêmement volatilisées, pour s'élever aussi haut.

Comparons pour un moment les feux aëriens avec les feux terrestres : ceux-ci paroissent plus être à portée de nos observations, nous les avons en quelque manière sous les yeux & les mains. Les feux terrestres se condensent quelquefois tellement par le mélange & l'accroissement de leurs matières, ils prennent un tel degré de mouvement, & si impétueux, qu'ils sortent de la terre en masses ardentes, avec la violence & la précipitation de la foudre. On a vu quelquefois dans des appartemens au rez-de-chaussée paroître des globes de feu, qui s'étendoient lentement sur le pavé suivant une ligne droite, qui d'autrefois sembloient immobiles, s'enflammoient ensuite, se divisoient & éclatoient avec bruit.

Si nous pouvions observer les phénomènes des feux, ou qui sont stagnans, ou qui circulent dans les

cavernes de la terre, ou les volcans,
nous trouverions sans doute qu'ils
ne diffèrent des feux terrestres apparens, & même des feux aëriens
ordinaires, que par la densité de
la matière qui les nourrit, & par
la violence & la durée de l'incendie. Car c'est-là que les loix de la
fermentation se manifestent par
leurs plus grands effets : nous n'en
voyons que de légères esquisses sur
la terre & dans l'air, & les aurores
boréales n'en font que des images
légères & superficielles.

De l'intérieur de la terre & de
sa surface, portons nos spéculations
dans les régions de l'air, & arrê-
tons-nous d'abord à la fermentation
qui se fait dans les particules sulfureuses, plus denses que l'esprit
acide ou nitreux qui les dissout avec
tant d'activité. Si dans le centre
d'une nuée ordinairement fort obscure, l'incendie de la matière
qu'elle renferme n'est que momen-
tané, il ne produit que l'éclair que
nous pouvons voir fort au-dessous

de nous, si nous sommes placés sur une montagne élevée. Alors nous remarquons que l'éclair ne borne point son effet à un seul point direct, mais qu'il parcourt presque tout l'hémisphère, le feu se communiquant avec rapidité à toutes les matières inflammables, comme le fluide électrique passe dans l'instant à travers plus d'un corps, ou par une corde très-longue où il trouve la matière disposée à favoriser son mouvement.

Les limites des éclairs ne sont pas encore déterminées: cette connoissance météréologique, pourroit conduire à d'autres découvertes du genre de celles que nous cherchons. Mais il y a apparence que ce moyen manquera toujours, puisque l'étendue de l'éclair dépend du plus ou du moins de force d'explosion, & sur-tout de la quantité des matières inflammables répandues dans l'air qu'il parcourt, ce qu'il est impossible de déterminer & de calculer. L'art peut en donner quelques idées d'approximation : nous avons rapporté dans le discours treizième de cette histoire (*tom. 8.*) quelques expériences propres à faire naître des conjectures heureuses. Mais comment estimer la durée & la force de l'effet, si jamais on ne peut connoître l'intensité de la cause? car on sent bien qu'on ne peut que la supposer.

Si la matière de l'éclair s'unit à des substances bitumineuses ou ténaces, & qui n'arrêtent son effet que pour l'instant, elle glisse, se divise en gouttes étincellantes ou en fumées, & se termine souvent par ce météore léger que l'on appelle étoile tombante, & où l'on observe tous ces petits accidens; on voit en l'air des points ou gouttes brillantes, des traînées d'une flamme légère & blanche, & enfin une ligne de feu ou une fusée. Si la matière ardente est comprimée par une autre matière ambiante non inflammable, & qu'elle s'étende en long, il se forme des bandes ou poutres ardentes. Si elles prennent quelque courbure, si l'imagination leur donne une tête & une queue, auxquelles le mouvement de l'air communique quelque agitation, on croit voir alors des chèvres bondiſſantes, ou les feux que l'on déſigne par ce nom. Si cette même matière eſt également preſſée de toute part, & pendant un tems marqué, par des vapeurs hétérogènes & épaiſſes, ſi elle eſt aſſez légère pour céder à l'action des vents, ou qu'elle ait reçu un mouvement déterminé de projection, il en naît des globes de feu qui paſſent rapidement d'une partie du ciel à l'autre, & qui laiſſent, lorſqu'ils ſe diſſolvent ou qu'ils éclatent, une forte odeur de ſoufre, & quelquefois une fumée épaiſſe. Si dans l'intérieur du globe, le ſoufre s'unit à des matières ſemblables à l'eau forte, ou à l'eau régale, ou à quelqu'autre mélange inconnu, mais auſſi actif ; il ſe forme une foudre aërienne ſemblable dans ſes effets aux foudres qui fortent des nuages ou de la terre.

Il ne faut pas s'étonner de la violence de l'explofion de ces globes, quoique formés en apparence & remplis d'une matière molle & fluide, non plus que des ravages qu'ils caufent fur les corps expofés à leur action : car fi l'on charge un moufquet d'une chandelle de fuif, elle eft chaffée avec tant d'impétuofité qu'elle traverfe deux planches pofées l'une fur l'autre. Or la rapidité que peut imprimer la poudre à cette chandelle doit être infiniment petite, refpectivement à celle du globe qui porte la foudre. Nous ne connoiffons ni la qualité des matières extrêmement élaftiques & volatiles dont il eft formé, ni leur mouvement impétueux de tourbillon. Le feu occupe l'axe de ces fortes de globes, il y eft déterminé par la violente rotation de l'air & des exhalaifons fulfureufes en cercles concentriques, dont les plus grands preffent les plus petits vers l'axe : dans cette compreſſion mutuelle , ils ſe heurtent violemment les uns contre les autres, d'où s'enſuit la raréfaction & la diſſolution des particules ignées, qui ſe développent avec effort, de même qu'il arrive dans le choc de l'acier & du caillou.

Du plus denſe paſſons au plus rare , & ſuivant la progreſſion par les voies qu'indique la nature, cherchons ſi nous trouverons dans la matière ſulfureuſe , plus raréfiée & fermentée enſuite par les eſprits les plus ſubtils du nitre , des effets ſemblables à ceux que nous venons de décrire.

Il faut d'abord ſe repréſenter que pour produire de telles fermentations, il doit ſe trouver une grande quantité de particules ſulfureuſes & nitreuſes très-rectifiées & très-volatiles ; qu'elles doivent ſe diſſoudre dans le même tems , & dans le même eſpace donné ; que leurs chocs & leurs froiſſemens mutuels ſe multiplient à l'infini ; qu'une

feule de ces conditions manque,
il ne fe fait plus de fermentation
proportionnée à la production de
l'aurore. Ainfi quoique les foufres
abondent dans les climats les plus
chauds, on n'y voit point de ces
phénomènes, parce qu'il y a trop
peu de nitre, ou qu'il n'a aucune
activité; à moins que par une difpofition extraordinaire de l'air,
les matières propres à la génération
de ce phénomène ne fe trouvent
raffemblées dans des régions, où
l'on ne s'attend ni à les rencontrer,
ni à en voir les effets, comme il
arriva à Cufco en 1744, lorfque
parut l'aurore dont nous avons parlé plus haut.

Dans les pays feptentrionaux ces
météores font plus ou moins formés,
fuivant que ces conditions s'approchent ou s'éloignent davantage du
degré de proportion requife, &
relativement à la température & à
la faifon; nous pouvons dire encore
au climat, & aux variations extraordinaires & accidentelles de

l'air. C'est ce qui fait que l'on voit de ces feux aëriens dans tous les mois de l'année. M. l'abbé Conti dans son petit traité sur l'aurore boréale, parle d'un de ces météores qu'il observa au mois de juin, du côté de Padoue, & il donne la raison la plus plausible de sa génération. Plusieurs jours extraordinairement chauds avoient amassé dans l'air des soufres en abondance, après quoi il y eut trois ou quatre jours si froids pour la saison qu'il tomba de la neige. Cet accident produisit des exhalaisons nitreuses qui fermentant avec les soufres déja très-raréfiés, produisirent une aurore qui dura deux nuits, du deux au quatre du mois. La nuée que l'on pouvoit regarder comme son centre étoit d'un rouge vermeil, d'où sortoient des bandes & des traits lumineux qui se portoient à une grande hauteur sur l'horison. Cette dernière circonstance caractérise une aurore propre au climat où elle fut observée ; dans les régions plus feptentrionales, la nuée d'où fortent les feux eft toujours obfcuré.

Ce font des températures extraordinaires occafionnées par des émanations de la terre, des vents, des pluies froides, qui font caufe que l'on voit de ces phénomènes dans tous les mois de l'année indifféremment. Muffenbroeck, qui, dans l'efpace de vingt-neuf ans, en obferva fept cens cinquante, en vit quarante-neuf en janvier, quarante-fept en février, quatre-vingt-douze en mars, cent trois en avril, cent dix en mai, trente quatre en juin, trente-fept en juillet, cinquante-neuf en août, foixante quatre en feptembre, foixante-quatorze en octobre, quarante-fept en novembre, & trente-quatre en décembre. Ce nombre eft prodigieux, & fans doute que ce curieux & favant obfervateur, met dans ce compte de très-légers phénomènes, que tout autre qu'un auffi habile phyficien n'eût pas ofé regarder comme des aurores boréales (a).

Cependant le plus grand nombre de ces phénomènes, au moins ceux qui font le plus marqués, fe comptent depuis l'équinoxe d'automne, jufqu'à celui du printems. Le froid qui commence alors à l'extrémité des zones tempérées & qui va croiffant, eft une preuve que l'air eft chargé de beaucoup de nitres; c'eft la marche ordinaire de la nature. Mais combien d'accidens femblent la déranger, en établiffant tout-d'un-coup dans l'atmofphère des difpofitions contraires à la faifon, & qui favorifent la génération des phénomènes réfervés aux tems les plus froids, & aux climats le plus feptentrionaux; telles durent être les caufes occafionnelles de la belle

---

(a) *V. le cours de phyfique expérimentale & mathématique*, in-4°. Paris 1769. tom. 3. §. 2490.

aurore obſervée en Normandie le
30 août 1770.

Suppoſons encore que les vapeurs
ſulfureuſes ſont compoſées des parties les plus ſubtiles des bitumes qui
s'exaltent avec les vapeurs aqueuſes,
des exhalaiſons les plus ténues des
phoſphores, des plus légères effluences des corps électriques, de
leur fluide le plus ſubtil; que les
nitres qui agiſſent ſur elles ſont de
l'eſpèce de ceux qui s'uniſſant en-
ſemble forment cette neige pure,
de laquelle, comme nous l'avons
déja rapporté, les chymiſtes tirent
une liqueur tranſparente & vermeille comme du ſang. Toutes ces
qualités devant ſe combiner pour
la génération des aurores, il n'eſt
pas ſurprenant, qu'à l'exception des
terres Polaires, où le nitre & le
ſoufre ſubtiliſés abondent & ſe
trouvent modifiés, comme il eſt
néceſſaire, par un air dont la température n'eſt pas ſujette à de grandes variations, on ne voie que rarement & à des termes irréguliers,

de ces météores dans les autres climats, où les viciſſitudes de l'air ne permettent pas de rien établir de fixe ſur leur formation & le tems de leurs apparences.

Ils peuvent cependant avoir des périodes déterminées, comme les ont les vents réglés des mers ſituées entre les tropiques, & que l'on ne découvrira qu'après un long eſpace d'obſervations comparées entr'elles. C'eſt ainſi qu'après tant de ſiècles on eſt parvenu à déterminer le cours des comètes & à prédire leur retour. On peut dire & même croire que dans le ſyſtême général du monde dreſſé & reglé par une ſageſſe inſinie, tous les météores ont des retours fixés, & que le haſard n'a lieu que relativement à notre ignorance, qui ne change rien à l'état naturel des choſes.

De même donc que les aſtronomes nous apprennent qu'après un certain cercle d'années, le ciel ſe renouvelle & que chaque corps céleſte arrive au même terme d'où il

étoit parti, tous de concert devant
se retrouver au point où le créateur
de l'univers les avoit d'abord placés.
De même dans la production des
météores, après un certain ordre
de révolutions, leur matière ne se
trouve-t-elle pas rassemblée sous
divers points du ciel, & dans une
température favorable à leur génération ? & n'est-ce pas ces substances qui doivent entrer dans leur
composition, ou favoriser leurs apparences, qui déterminent cette
température nécessaire ? C'est ce
qu'il semble permis de conjecturer,
& ce qui arriveroit probablement,
si quantité de causes accidentelles
ne dispersoient au loin les effets de
l'évaporation, & ne trompoient
pas les plus habiles observateurs
dans leurs conjectures sur l'apparition de quelques météores qu'ils
auroient droit de prédire, si l'ordre
des saisons étoit aussi régulier qu'il
pourroit l'être, si, comme dans les
climats extrêmes, la chaleur ou le

froid dominoient conftamment.

Mais c'eft une queftion qui en reftera toujours aux termes où elle fe trouve. Revenons aux phénomènes de l'aurore boréale ; nous pouvons en déduire plufieurs de la connoiffance que nous avons des corps électriques & des phofphores. Les nuées obfcures (*le fegment*) qui font la bafe ordinaire de ce météore, ne peuvent-elles pas être compofées d'un amas de fubftances femblables à cette poudre noire phofphorique, dans laquelle les exhalaifons fulfureufes fe diffolvent par la feule action de l'air ? En fe développant elles communiquent leur chaleur, & enflamment la matière homogène contiguë, qui rend une lumière femblable à celle de l'éclair, fi elle a quelque denfité.

Le feu clair & blanc de l'éclair, imite beaucoup par fon éclat l'étincelle qui fort du globe de verre électrifé, & quand fon feu eft plus vif, il reffemble davantage à l'éclat

du phosphore de Brandt (a). Dans
l'éclair l'incendie n'est que momen-

(a) Brandt, bourgeois de la ville de
Hambourg, cherchant la pierre philoso-
phale, trouva, en 1677, un phosphore
d'un éclat singulier. Kunckel qui avoit
voulu en acheter le secret n'ayant pu l'acquérir, le trouva lui-même à force de
travaux, parce qu'il avoit su que Brandt
avoit trouvé ce phosphore dans des matières animales. On y travailla long-tems
en Angleterre, & c'est de-là qu'on tiroit
ce phosphore, devenu un objet de commerce assez utile. Le savant chymiste
Margraff, a trouvé un moyen plus aisé de
composer ce phosphore, il y emploie une
espèce de plomb cornée, préparé par la
distillation d'un mélange de quatre livres
de minium avec deux livres de sel am-
moniac réduit en poudre, & dont on a
retiré tout l'esprit volatil alcali, qui est
très-pénétrant. Après la distillation on
mêle le plomb cornée qui reste dans la
cornue avec neuf à dix livres d'extrait
d'urine en consistance de miel. Ce mélange se fait peu-à-peu dans une chaudière
de fer, sur le feu en remuant de tems en
tems : on y ajoute une demie livre de charbon en poudre, & on laisse dessécher cette
composition jusqu'à ce qu'elle soit réduite

tané, dans l'aurore il dure quelque
tems ; c'est toute la différence qui

---

en une poudre noire. On la fait distiller
ensuite dans une cornue, par une chaleur
médiocre & graduée, jusqu'à ce qu'il n'y
reste plus qu'un *caput mortuum*, noir &
très-friable. . On reconnoît si l'opération
a été bien faite en jettant de cette poussière sur les charbons ardens : elle doit
rendre alors une odeur d'ail, & produire
des petites flammes bleues phosphoriques,
qui se promènent sur les charbons en faisant des ondulations. On fait passer de
nouveau cette matière par un grand feu,
& lorsque la cornue est bien ardente, on
voit s'en échapper le phosphore en vapeurs
lumineuses, & ensuite en gouttes qui tombent & se figent dans l'eau du récipient.
Le phosphore est encore noir & chargé
de matières fuligineuses, mais on le rec-
tifie dans une cornue de verre à un feu
très-doux, & alors il devient blanc. On
en forme ensuite de petits bâtons com-
modes pour les expériences. Ce phosphore
est une espèce de soufre composé d'un
acide particulier uni au phlogistique, il
a deux inflammations ; l'une très-foible
d'où résulte une flamme légère, lumineuse, trop peu active pour allumer d'autres corps combustibles, mais suffisante

soit

foit entre ces météores. Mais la rapidité avec laquelle la vapeur en-

***

pour confumer & brûler peu-à-peu tout
fon phlogiftique ; l'autre vive, très-brillante, très-forte, fe faifant avec décré-
pitation & capable d'allumer en un moment toutes les matières inflammables.
On diftingue aifément ces deux flammes
du phofphore, pendant la diftillation,
lorfqu'on vient à déboucher le petit trou
du ballon. Car lorfque les vaiffeaux ne
font point trop échauffés, le dard de flamme qui fort par ce trou ne brûle point
quoiqu'il foit très-lumineux dans les ténèbres. On peut y toucher fans aucun rif-
que & s'en frotter les mains qu'il rend très-
lumineufes. Mais lorfque les vaiffeaux font
fort échauffés ; cette flamme alors eft dardée avec beaucoup plus d'activité, elle
décrépite, & brûleroit très-vivement fi
l'on y touchoit. Quand elle eft telle c'eft
une marque que le feu eft trop fort, &
il eft à propos de le diminuer un peu, une
chaleur de douze à quinze degrés fuffit
pour décompofer ce phofphore, & pour
faire brûler fon phlogiftique foiblement
& lentement à la vérité, mais avec une
lumière très-fenfible, fur-tout lorfqu'il a
le contact de l'air libre. C'eft pour l'empêcher de fe décompofer ainfi que l'on eft

Tome X. I

flammée s'étend, & les illusions de l'optique, nous empêchent de dif-

---

obligé de le conserver dans l'eau : encore malgré cette précaution, il se décompose en partie même dans l'eau ; il y a toujours des vapeurs lumineuses dans le flacon qui le contient ; sa surface perd sa demie transparence & devient comme farineuse ; enfin l'eau dans laquelle on le conserve devient plus acide. Lorsque le phosphore est échauffé davantage soit par le feu, soit par le frottement, alors il s'enflamme avec violence & brûle avec beaucoup de rapidité : il s'en élève des vapeurs lorsqu'il brûle, qui font toujours visibles, sous la forme d'une fumée blanche pendant le jour & sous celle d'une lumière pendant la nuit. . . . *Cette note est tirée du dictionnaire chymique, in-8°. Paris 1766. au mot* phosphore. . . . .

Que l'on rassemble les circonstances différentes de la manière dont la chymie travaille ce phosphore ; les degrés de feu qui le rendent ou simplement lumineux, ou capable de brûler avec une espèce de détonation, & on verra comment la nature dans ses opérations, infiniment plus actives & plus puissantes, que les procédés de l'art, produit avec une même matière, les éclairs, les foudres & les aurores les plus bril-

tinguer si c'est la même flamme qui
dure, ou si elle s'engendre successivement par l'accession d'une nouvelle matière.

Quelquefois l'éclair parcourt une
grande partie du ciel, mais son

---

lantes. On verra que les diverses températures propres à produire ces effets variés,
peuvent se trouver dans différentes bandes
de l'atmosphère fort rapprochées les unes
des autres, ou dans une même nuée ainsi
qu'on l'observa en 1754, dans le phénomène vu à Constantinople. On se fera
encore une idée du degré de chaleur propre
à la génération des aurores boréales par
celui ou le phosphore s'enflamme, & on
aura droit d'en conjecturer qu'il s'en faut
beaucoup que cette température rigoureuse
qui anéantit la nature à la surface de la terre
dans les régions boréales, soit aussi froide
dans la partie de l'atmosphère, ou se développent les phénomènes les plus brillans
des aurores. Enfin les fumées blanches ou
lumineuses qui accompagnent la dissolution du phosphore, représenteront la plupart des accidens variés des aurores polaires, & dans les procédés de la chymie
on apprendra à en reconnoître la matière
& les causes.

étendue eft fi inégale que l'on n'a
pas encore pu déterminer fes limites. Les flammes de l'aurore boréale
s'étendent autant qu'elles trouvent
de la matière difpofée à s'enflammer, & à étinceller, de même que
le fluide électrique paffe avec une
rapidité inconcevable à travers une
longue corde, ou plufieurs corps
contigus, fufceptibles de l'électricité. Dans ces phénomènes comme
dans ceux de l'aurore boréale qui
ont quelque fixité, on peut eftimer
leur étendue & leur durée.

Dans le globe de verre frotté
avec la main, la lumière ou le
fluide électrique éclatent de toute
part; les fils fufpendus à un cercle
fe dreffent & fe roidiffent comme
autant de rayons partant d'un même centre : de quelque manière
que cela fe faffe, c'eft certainement le fluide fulfureux électrique
& enflammé qui circule par les fi-
bres de ces fils, & s'ils étoient tranf-
parens, fi on avoit des microfcopes
parfaits, on verroit le tiffu même

de ces fils, tout-à-fait lumineux.

Suppofons de même une nuée toute électrique, qui foit heurtée & froiffée par les différens corps dont elle eft environnée : de cette nuée comme d'un centre qui leur fervira de foyer fortiront des flammes; toutes les matières qui fe trouveront à l'entour, difpofées à l'incendie, s'allumeront, & alors on verra paroître dans l'air les bandes, les queues, les rayons, les cylindres ardens que formeront d'autres petits nuages contigus, également électriques. Que cette même nuée principale foit agitée en divers fens, foit par les vents, foit par la preffion d'autres corps; ces mêmes formes en recevant de nouvelles directions & d'autres mouvemens; on les verra fe plier en arcs, en cercles, en ellipfes, en paraboles.

Les rayons de ces flammes fubtiles en fe pliant ainfi, & paffant près d'autres amas de vapeurs plus denfes, leurs donnent fans doute d'autres modifications, & ce font

I iij

ces modifications qui probablement contribuent à la variété des couleurs & des formes des aurores. Si leur propagation paroît interrompue, l'exhalaison électrique qui se porte d'une manière insensible d'un espace à un autre, peut illuminer des parties séparées entr'elles, & faire paroître dans le ciel de ces feux brillans & distillés, que l'on peut comparer aux gouttes lumineuses que rend le mercure agité dans l'obscurité.

La viscosité que les bitumes exaltés de la mer ou des corps gras & onctueux peut mêler dans la matière de la nuée, n'empêche pas que les objets ne paroissent au travers, comme dans la machine électrique, on voit la main à travers le globe de verre enduit en-dedans de cire. Ainsi paroissent les constellations teintes de couleur de sang au-delà des exhalaisons qui servent à former les aurores boréales : il se peut encore que les différentes formes des nuages lumineux, & les effets de la flamme aërienne soient vus à travers d'autres nuages , ce qui donne une plus forte teinte à leurs couleurs , & fert à redoubler leur éclat dans les parties où elle fe montre fans obftacle. Ces flammes agif-fant fur une matière atténuée à dif-férens degrés , ne feront pas égale-ment rapides , parce qu'elles ne trouveront pas la même facilité à les pénétrer & à les allumer. Dans les aurores polaires , la matière des exhalaifons électriques & nitreufes étant de la plus grande ténuité , on verra les feux fe porter en tout fens avec une vivacité extrême , fuivant les modifications dont nous avons indiqué les caufes : dans les autres aurores , le mouvement des flam-mes fera proportionné à la denfité de leur matière , & aux obftacles qu'elles trouveront à fe répandre ; & fouvent il fera fi lent qu'à peine s'appercevra-t-on qu'il ait quelque progreffion : ce qui arrive dans la plupart des aurores que l'on obferve dans l'Italie feptentrionale , & les régions fituées à la même latitude.

I iv

§. XI.

Récapitulation des articles précédens.

Dans quantité de circonstances la matière de l'aurore boréale paroît de telle nature, qu'elle peut s'allumer & répandre ensuite une lumière foible & rare, fort semblable à celle des étincelles électriques. C'est ce que l'on doit remarquer dans ces nuées noires & obscures qui en deviennent le foyer le plus visible. D'abord elles absorbent toute la lumière, & ne se présentent que comme un abyme d'obscurité, un gouffre profond & ténébreux ; mais venant à s'allumer, elles envoient à une grande hauteur sur l'horison des jets de flammes, de diverses formes, & finissent par devenir tout-à-fait lumineuses. On voit encore des parties de ces mêmes nuées se détacher du centre principal, par la force du mouvement qui leur est propre : elles conservent d'abord une obscurité sensible, & deviennent ensuite brillantes, lorsqu'elles ont passé à une autre partie du ciel ; leur mouvement de progression facilite sans doute le développement du feu qu'elles contiennent, & c'est la même cause qui les fait avancer & les rend lumineuses. Elles se raréfient alors au point de ne plus présenter à l'observateur qu'un voile transparent teint de diverses couleurs, dans lesquelles cependant le rouge domine, au travers duquel on distingue ordinairement les constellations.

Les matières inflammables & phosphoriques que la chymie prépare dans les laboratoires, les feux de différentes couleurs qu'elles produisent, & la manière dont ces feux se développent, nous mettent à portée de former des conjectures assez heureuses, sur la véritable matière des aurores, & sur le méchanisme de leurs phénomènes variés; mais il y a grande apparence que la physique sera toujours forcée de se borner à ces conjectures dans les connoissances qu'elle pourra acquérir sur ce brillant météore la raison des accidens variés qu'il présente, restera peut-être toujours cachée dans le sanctuaire de la nature. Le grand nombre de matières phosphoriques renfermées dans le sein de la terre, les préparations qu'elles y reçoivent par des fermentations & des mélanges dont le degré ne peut pas nous être connu, laisseront toujours des incertitudes dans les résultats des observations & des expériences, dans lesquelles l'art ne pourra jamais nous donner ses procédés que comme des conjectures.

Tout ce que l'on en peut dire de plus probable, c'est que cette matière fort atténuée dans le sein de la terre, se répand en l'air sous la forme d'exhalaisons, & y reçoit un nouveau degré de raréfaction. Tantôt elle se rassemble dans un feul endroit, où elle forme une nuée confidérable ; tantôt elle fe difperfe en différens pelottons, qui fe portent fous divers points du ciel comme autant de nuées. Toutes ne fe mettent en feu que lorfqu'elles trouvent d'autres matières avec lefquelles elles fe heurtent, dont elles reçoivent de nouveaux principes de mouvement, & auxquelles elles en communiquent. Ces chocs mutuels les déterminent à fermenter, à s'échauffer & enfin à s'allumer ; voilà ce que nous apprennent les opérations de la chymie, qui produifent diverfes effervefcences, accompagnées de feux & de flammes.

Ces matières de quelque partie du globe qu'elles faffent éruption, femblent toujours venir du nord. C'eft de ce côté que foufflent les vents froids qui occupent la région la plus haute de l'air, & qui paroiffent les plus propres à raffembler la matière des aurores, & à la difperfer dans l'atmofphère. S'il ne

règne qu'un vent, ces matières s'é-
tendent, & tant par leur mouvement inteſtin, que par celui de l'air
dont elles ſuivent la direction, elles
arrivent au point de s'allumer. Alors
partent ces jets de flammes qui ſe
portent avec rapidité d'un air plus
denſe dans un air plus raréfié, ordinairement du nord au ſud, & de là
naiſſent les aurores boréales les plus
communes, qui durent d'autant
moins que leur matière étant peu
abondante & ne trouvant aucun obſtacle à ſe développer, s'épuiſe bientôt dans la production de ces feux qui
ſortent d'un centre obſcur, qui finit
par devenir lumineux & fort blanc.

C'eſt ce que l'on put obſerver
dans la Bourgogne ſeptentrionale
le ſoir du 17 ſeptembre 1770. Le
vent avoit été à l'eſt le matin, &
avoit enſuite tourné au ſud ; le ſoleil avoit été aſſez brillant pendant
le jour, la température belle, &
le mercure fort élevé dans le baromètre : l'horiſon étoit bordé le ſoir
de nuages aſſez obſcurs, du cou-

chant au nord. A huit heures un
quart, il y eut une aurore boréale
au nord-nord-ouest, dont le segment obscur étoit très-marqué, il
en sortit pendant plus d'une demie
heure des jets fort lumineux, les
uns blancs, les autres d'un rouge
fort éclatant. Je remarquai que les
rouges succédoient aux blancs, ce
qui me porte à croire que quoiqu'il
y eût apparence d'un mouvement
de progression, ce n'étoit pas une
nouvelle matière qui sortoit du
segment obscur, mais la même qui
avoit paru blanche d'abord, qui
changeoit ensuite de modification,
par le développement d'un phlogistique plus condensé : ces rayons
lumineux s'étendoient à environ
quatre-vingt degrés au-dessus de
l'horison. Cette apparence ne dura
que trois quarts d'heure : le segment
obscur devint blanc & assez lumineux avant que de se dissiper; il
resta dans l'air un mouvement ou
une matière qui le rendirent plus
brillant qu'il ne devoit être, la

lune étant alors à son vingt-neu-
vième jour. La même aurore fut
vue à Vienne en Autriche à neuf
heures du soir, & avec les mêmes
accidens.

Dans ces sortes de phénomènes
simples & ordinaires, la matière
suit la même direction, & peut-être
après avoir paru dans un endroit
déterminé, elle se porte plus loin
où les mêmes causes qui l'avoient
d'abord réunie, la rassemblent de
nouveau, & y donnent le même
spectacle aërien. Nous l'avons déja
dit plus d'une fois, il n'en est pas
des ressources inépuisables de la
nature, comme des foibles procédés
de l'art.

Il peut se faire encore qu'il règne
deux vents opposés l'un plus foible
que l'autre, ou tous deux de force
égale, ils déterminent tous les deux
des exhalaisons de qualités contraires en différentes directions. Le
vent du nord apporte des terres
septentrionales, la matière d'une
aurore, le vent du sud amène des

régions brûlantes du midi quantité d'exhalaisons inflammables, mêlées de vapeurs humides. Les deux vents venant à se rencontrer dans un point du ciel où leurs forces sont à-peu-près égales; la résistance qu'ils se font mutuellement, doit occasion-ner une espèce de calme, un mou-vement indécis, qui donne aux matières différentes le tems de s'ac-cumuler, les unes sur les autres. Alors leurs qualités opposées se dé-veloppent; elles se choquent, s'é-chauffent & s'enflamment. La ma-tière venue du septentrion fort aug-mentée par le mélange de celle qui sort du midi, se répand de tous les côtés de l'horison, & de là peu-vent résulter ces aurores boréales complettes aussi remarquables dans nos climats par la beauté de leur spectacle que celle des régions les plus septentrionales. Telle fut l'au-rore vue en Normandie le 31 août 1770. Si les deux vents cessent ab-solument après avoir répandu cette matière inflammable & lumineuse,

dans un très-grand espace de l'atmosphère, il en résulte ces grandes
aurores si rares par leur étendue,
& la ressemblance de leurs phénomènes, que l'on observe par-tout
à-peu-près les mêmes, ainsi qu'on
le remarqua dans celle de la nuit
du 17 au 18 janvier 1770, qui fut
vue d'une extrémité de l'Europe à
l'autre, de Cadix à Stockolm, &
de Naples à Londres, & par-tout
avec des variétés relatives à la disposition de l'air, qui dans ce grand
espace n'étoit pas modifié de même. Nous parlerons encore de cette
grande aurore.

Toutes ces observations nous portent à penser qu'il réside dans l'air
un fluide électrique & phosphorique qui donne de grandes facilités
à la formation de ce météore;
on peut le regarder comme un des
effets les plus étonnans de l'électricité naturelle. C'est ce que semblent indiquer ces élancemens de
la matière lumineuse, le bruit avec
lequel elle se développe, que l'on

entend dans les aurores des terres
Polaires, qui fut fensible dans celle
que l'on obferva à Londres en 1716,
& dont on peut fe faire une idée
par le petit bruit que rend l'étincelle électrique. Ce fluide réfide
effentiellement dans l'air ; mais
comme il eft prouvé que toutes les
températures ne font pas également
propres aux fuccès des expériences
de l'électricité, qu'il y en a même
qui leur font fi contraires qu'il n'eft
pas poffible de les faire réuffir ; de
même le fluide électrique aërien
trouve fouvent dans l'air des difpofitions affez contraires à fon développement, pour que l'on ne voie
pendant une longue fuite d'années
aucune aurore. Ajoutons encore
qu'il ne fuffit pas feul pour la production de ce météore, mais qu'il
doit agir fur d'autres matières inflammables, qui peuvent être trop
embarraffées dans des fubftances
hétérogènes, ou trop condenfées
pour que leur incendie devienne fenfible, ou même qu'elles s'allument.

On peut donc concevoir le fluide électrique comme mêlé dans les soufres & les nitres, que nous croyons devoir regarder comme la matière dominante dans la production des aurores boréales, auxquels s'uniffent quantité d'autres exhalaifons inflammables qui circulent dans l'atmofphère, & qui donnent lieu à ces variétés de couleurs que l'on remarque dans les aurores, & qui ne font pas produites par la feule combinaifon des foufres & des nitres.

Nous ne prétendons pas établir comme une vérité phyfique, que les aurores boréales foient compofées des matières que nous venons d'indiquer : nous ne préfentons ici le réfultat des opinions de divers phyficiens très-habiles, que comme l'hypothèfe la plus probable, ou fi l'on veut le fonge le plus plaufible fur cette partie de l'hiftoire naturelle. Mais quand même il feroit prouvé que ce météore doit fon exiftence à l'union de l'atmofphère

folaire que nous connoiffons fi peu
avec la nôtre, encore faudroit-il
que la poffibilité de cette union fût
démontrée ; car on a peine à ne pas
croire qu'elle eft contre les loix de
la nature (a). Si même l'on voulòit
expliquer les différentes modifications des aurores, il faudroit toujours en revenir à la fermentation
des matières fulfureufes & nitreufes, & des aùtres exhalaifons inflammables, à leur action les unes
fur les autres, & dès-lors convenir

(a) La portion de l'éther qui fe trouve entre
les planètes & le foleil les foutient, d'ailleurs ils ont acquis un certain degré de force
centrifuge par la continuité de leur rotation. L'équilibre que produifent ces efforts
contraires, conferve à chaque orbite un
diamètre toujours le même, car s'ils fe
rapprochoient, fi les atmofphères venoient
à fe mêler, ils fe réuniroient bientôt au
foleil qui eft le centre de leurs révolutions,
puifque la partie de l'éther qui coule au-
deffus d'eux ne ceffe de les porter vers le
centre, avec toute la force que lui donne
la rapidité de fon mouvement. *V. l'anti-
Lucrèce, liv.* 4.

qu'elles ne font qu'une modification plus fubtilifée de la matière des foudres & des éclairs : que la nuée obfcure d'où partent les traits de feu fous différentes formes, remplace les nuées humides, ou une forte condenfation & une réfiftance égale des matières hétérogènes entr'elles, produifent ces mouvemens impétueux, ces fortes détonations, ces éruptions formidables, qui font repréfentées dans les aurores, par une vive propagation de la lumière, dont la couleur répond aux matières qui font embrafées, par des traits lumineux qui fe portent à différentes hauteurs fur l'horifon, d'un mouvement inégal, & par un léger fifflement occafionné par le peu de réfiftance qu'oppofe à l'expanfion de ces feux, un air prefque entièrement débarraffé de vapeurs humides. Ce qui prouve que ce météore fe forme beaucoup au-deffus de la région de l'air, où les tonnerres & les foudres paroiffent fixés, & dont la température eft expofée à moins de viciffitudes.

Quoique ces météores ignées
puissent être comparés en quelque
sorte avec les météores emphatiques, puisque les aurores boréales
ont leurs parélies, leurs couronnes,
leurs iris; ce qui annonce des changemens accidentels dans la température dominante où se font les
amas propres à donner ces apparences : cependant le météore ignée
seul répand ici son éclat sur la partie de l'air où il brille; on n'a pas
encore vu que la lumière de la lune
ou des autres astres, contribuassent
pour rien à la variété de ses formes
ou de ses couleurs. Ce sont les soufres, les nitres & les autres substances électriques qui, par leurs ac-
tions combinées, donnent lieu à
cet admirable feu d'artifice exécuté
par la nature même, pour embellir
d'un de ses phénomènes les plus
brillans, les climats les plus tristes
de l'univers, où cette même nature dans ses jeux, donne à l'art le
plus subtil & le plus hardi, des
modèles que jamais il n'imitera

qu'inparfaitement, & que l'on voit
fe reproduire, dans des efpaces de
l'air, dans des climats fort éloignés
les uns des autres, dès que les matières propres à leur génération s'y
trouvent réunies, dans un air modifié de manière à les mettre en
jeu.

Nous allons voir fi une hiftoire
plus exacte & plus circonftanciée
des aurores boréales, obfervées depuis un fiècle & demi, tems auquel on peut fixer la naiffance de
la vraie phyfique, donnera plus
d'autorité à la théorie que nous
venons de propofer.

§. XII.

Aurores boréales obfervées de-puis 1621, jufqu'en 1726.

Les aurores boréales ne fe montrent
que par reprifes. M. de Mairan les
a fixées dans le favant traité phyfique & hiftorique qu'il a donné
fur ce météore. Dans le détail que

nous avons fait des apparences diverses de ce phénomène, à les re-
prendre depuis les premiers observateurs connus, jusqu'au commencement du dix-septième siècle ;
nous avons remarqué que les aurores, soit complettes, soit incom-
plettes, se sont montrées dans tous
les tems avec les formes variées &
les couleurs qu'elles ont eues, depuis que l'on a osé les considérer
comme un phénomène naturel, dont
on pouvoit indiquer la matière &
les causes ; & qu'on n'y a plus vu
des signes effrayans de la colère
céleste, & des présages formidables
des malheurs présens ou à venir.
C'est en 1621 que les yeux commencèrent à s'ouvrir, sur les véritables apparences de ce météore.

L'aurore boréale observée le 12
septembre 1621, fut fameuse dans
tout le monde savant, & par le
spectacle qu'elle donna, & par la
célébrité dont jouissoit déja l'illustre Gassendi qui l'observa, &
en proposa une explication si na-

turelle, que l'on peut dire qu'il eſt le premier des philoſophes qui ait vraiment fait connoître ce météore. Il fut précédé par pluſieurs autres petits phénomènes du même genre peu remarquables, & que l'on ne doit conſidérer que comme les premiers effets de la fermentation des matières dont l'incendie devoit produire le grand météore du 12 ſeptembre.

Gaſſendi l'obſerva à Peynier en Provence entre Aix & Saint-Maximin, il commença de paroître un peu avant la fin du crépuſcule par un tems calme & ſerein, la lune étant cachée ſous l'horiſon. Ce fut d'abord comme une eſpèce d'aurore qui ſembloit naître du côté du ſeptentrion, & qui monta peu-à-peu juſqu'auprès de l'étoile polaire. Des rayons perpendiculaires à l'horiſon, & des colonnes brillantes s'élevoient de toute part du fond de cette lumière, le reſte du ciel étant ſouvent parſemé de petits nuages blanchâtres qui ne duroient

qu'un

qu'un inftant. Il y en eut de rouges
vers le couchant d'été avec quelques colonnes obfcures, ou poutres,
mêlées d'une efpèce de fumée qui
blanchiffoit quelquefois. Il réfultoit de tout cet affemblage du côté
du nord, un grand arc crénelé ou
frangé, dont le fommet étoit élevé
de plus de quarante degrés au-deffus de l'horifon. Il pouvoit avoir
cent vingt degrés d'amplitude, &
l'on y voyoit par-tout les étoiles à
travers, excepté proche de l'horifon. Il en fortoit, & de tous les
environs, des jets de lumière, des
vibrations & comme des éclairs,
dont le mouvement tendoit vers
le zénith (a).

______

(a) Gaffendi qui rapporte cette obfervation dans la vie de Peyrefc, entre dans
les détails que nous avons donné d'après
lui ; il dit que fon illuftre ami fut très-
fatisfait qu'il eût obfervé lui-même ce
météore, & qu'il fût ainfi affuré que ce
que l'on prenoit pour un appareil de guerre
ou l'apparence d'une armée, n'étoit qu'un

Tome X. K

Ce phénomène renouvella l'attention des philosophes, il fut observé en même-tems dans toute la Provence, en Dauphiné, à Bordeaux, à Dijon, à Paris, à Rouen, & on crut que c'étoit le même, attendu que l'on vit par-tout les mêmes apparences. Nous avons déja

---

jeu de la nature. La crédulité & la foiblesse humaine, ajoute Gaffendi, a donné lieu à toutes ces fictions, & il est très-vraisemblable que tous les prodiges pareils dont il est fait mention dans les histoires, au moins la plus grande partie, ont eu leur origine dans les mêmes causes, & que ce que l'on en raconte ne mérite pas plus de foi, ... *Peireskius lœtatus est rem fuisse nobis observatam, factusque exinde est certior, nihil aliud fuisse quam naturæ lusum, quem apparatum bellicum aut idœam exercitus multi fuerant interpretati.... Eadem credulitas infirmitasque humana est quæ his figmentis locum facit. Credibile profecto est, nisi omnia, at bene multa quæ in historiis similia exstant ex eadem esse origine, neque ampliorem mereri fidem.* De vita Peireskii, lib. 3. inter opera Gaffendi, fol. tom. 5. Lugd. 1658.

dit quelque chose sur la hauteur
de l'atmosphère à laquelle on le doit
fixer ; & nous verrons dans la suite,
relativement à d'autres phénomènes de la même espèce, que des
apparences semblables multipliées
par les mêmes causes, dans différens endroits du ciel, donnèrent
lieu de croire que le phénomène
étoit placé à un même point pour
tous les endroits où les observations furent faites.

Depuis 1621 jusqu'en 1686, dans
un intervalle de plus de soixante
années, on ne trouve point d'observations d'aurores boréales, au
moins dans les pays que nous habitons, où les sciences étoient cul-
tivées, où les phénomènes de la
nature ne pouvoient échapper à la
quantité d'astronomes & d'observateurs célèbres qui florissoient alors
en France, en Allemagne, en Italie
& en Angleterre, de sorte que l'on
peut regarder cette interruption
de l'aurore boréale, comme une des
plus longues qu'il y ait eues.

Je trouve cependant dans une lettre de Gui Patin, du 26 août 1654. « Les lettres de Turin por-
» tent que l'on y a vu en l'air, par
» pluſieurs fois, des charriots, des
» hommes à cheval & des armées.
» Il y en a ici qui en ont peur, pour
» moi je me tiens à celui qui a dit
» que nous n'euſſions point peur
» des ſignes du ciel » (a). Ce ſpec-
tacle aërien, à s'en tenir à l'ancien langage, & aux préjugés établis parmi le peuple, déſigne une au-rore boréale aſſez remarquable, qui ſans doute avoit paru dans l'année où Gui Patin écrivoit, & probable-ment elle ne fut obſervée ni en France ni en Allemagne ; elle avoit donc dû ſe former au-deſſus des Alpes, à une hauteur médiocre, puiſqu'elle ne fut point apperçue dans les autres régions.

Le 23 janvier 1686, il y eut une

______

(a) *Lettres choiſies de feu M. Gui Patin,* tom. 1. let. 89. in-12. la Haye 1707.

aurore boréale observée à Mittel-
heim, petit bourg du Ringaw sur
le Rhin, près de Mayence. Le premier sentiment qu'elle excita fut
la frayeur; on la prit pour un incendie violent qui dévoroit les villages voisins. Cette aurore étoit à
grands jets de lumière qui s'étendoient beaucoup vers l'occident.
Une vapeur nébuleuse répandue sur
l'horison, & qui augmenta pendant l'apparence du phénomène,
étoit sans doute produite par le
segment obscur & la vapeur fumeuse qui sortoit du centre de son
foyer. J. Théodore Mœren, auquel
on doit cette observation, & qui,
à en juger par son récit, ne connoissoit point ce météore, prit cette
fumée pour un brouillard ordinaire
fort obscur (a). Il n'y eut point
d'autre observation de cette aurore
boréale qui cependant dut être très-

______

(a) *Miscellan. curiof. an.* 1686. *difc.* 2.
obferv. 7.

K iij

marquée , & qui auroit été vue ailleurs, en France & en Allemagne, si la constitution de l'air n'y eût été contraire.

Il paroît par les mémoires de M. Cassini (Jean Dominique, mort en 1712 , dans sa quatre-vingt-huitième année) que l'aurore boréale se montra plusieurs fois au mois de juillet 1687. Il ne la désigne point expressément & telle que nous la connoissons aujourd'hui. Dans ce tems on n'en avoit pas une idée bien précise, & on la confondoit avec les autres phénomènes lumineux. Cependant on la croit assez indiquée par les expressions dont il se sert. « C'étoit, dit-il, » une lumière septentrionale fort » blanche, qui, depuis la fin du » mois précédent jusqu'au 10 de » juillet paroissoit à onze heures » & à minuit, quand la lune ne se » levoit que fort tard, qui se voyoit » entre les pieds de devant de la » grande ourse & la chèvre, qui » étoient presque à une distance

» égale du méridien, l'une du côté
» d'occident, l'autre du côté d'o-
» rient, & qui formoit comme
» un arc qui se perdoit insensible-
» ment à une hauteur égale à celle
» de ces astres ». Il ajoute qu'il
doutoit si cette lumière étoit celle
du crépuscule ordinaire simple, ou
si elle étoit mêlée de la lumière zodiacale. Ces doutes venoient, comme nous l'avons déja dit, du peu
de connoissance que l'on avoit alors
des aurores boréales, & encore de
ce que les observations que l'on
faisoit dans les régions septentrionales, n'étoient pas communiquées
à nos observateurs. On a su depuis
par une lettre de M. Horrebow,
savant astronome de Copenhague,
écrite à M. le comte de Plélo, ambassadeur de France à la cour de
Dannemark, qu'en 1686 ou 1687,
il avoit vu la première fois de sa
vie l'aurore boréale (*a*).

____

(*a*) Cette lettre est du 26 décembre

M. Godin, dans les mémoires de l'académie des sciences (ann. 1726.) parle d'une aurore boréale observée à Cinq-Eglises en Hongrie, en 1692.

Dans tous ces tems il paroît que les observations météréologiques ne se faisoient pas d'une manière suivie, & que peut-être c'est ce qui est cause de la longueur des intervalles qui se sont trouvés entre les reprises d'aurores boréales.

Depuis 1692, on n'en parla plus qu'en 1707. La première de cette année fut observée à Copenhague par Olaus Roëmer, le premier de février vers les onze heures du soir, depuis l'ouest-nord-ouest, jusqu'au nord-nord-est. Elle fut à deux arcs & à grands jets de lumière, mais peu élevée sur l'horison : le premier arc n'ayant par son sommet entre

---

1731. *Memini me anno œtatis meæ septimo vel octavo id est circa annum 1686 vel 1687, vidisse prima vice auroram borealem.*

le nord & le couchant que trois
degrés de hauteur, & le second
environ deux degrés de plus : le
même météore parut encore le premier de mars (*a*).

Le 6 mars de la même année à
huit heures du soir, on eut à Berlin
une aurore boréale. Elle se montra
sous la forme d'un arc-en-ciel,
mais plus large, dont la longueur
occupoit à l'horison cent degrés
environ. La partie supérieure de cet
arc étoit élevée de huit à dix degrés, il en sortoit des rayons lumineux dirigés vers le zénith. Au-
dessus du premier arc il s'en forma
un second à la hauteur de trente
degrés, qui n'étoit ni bien terminé
ni continu : ce que l'observateur
M. Kirkhius y remarqua de plus
particulier, & ce qui sert à prouver
que le segment obscur n'est ni un
nuage ni un brouillard ; c'est qu'il
vit les étoiles à travers, s'étant servi

(*a*) *Miscell. Berolin. tom.* 1. *pag.* 131.

K v

pour cela d'un tube fort large de deux pieds de longueur, fans doute pour n'avoir pas l'œil frappé de la lumière des environs. J'ai conftaté la vérité de cette obfervation dans l'aurore boréale du 17 feptembre 1770, lorfqu'elle fut prête à finir, & que le fegment obfcur fut devenu lumineux. Ce que l'on doit remarquer encore c'eft que M. Leibnitz parle de cette aurore boréale qu'il avoit obfervée, comme d'un phénomène qui n'avoit pas été vu depuis 1621 ; ce qui prouve combien la mémoire de ces fortes d'apparences aëriennes fe perd aifément, ou que depuis ce tems on n'en avoit point vu, qui eût des variétés & des accidens que l'on pût comparer à l'aurore de 1621. Le 27 novembre de cette même année 1707, on en vit une en Irlande.

Il y a grande apparence que l'aurore boréale vue en Dannemark le premier février, ne fut point obfervée ailleurs. Les éphémérides

météréologiques de Breslau en Si-
léfie, dreffées dans un pays dont la
pofition eft affez voifine de ceux
où les aurores furent vues, mar-
quent pour les différentes dates que
nous avons affignées, de la pluie,
du brouillard, ou de la neige, excepté le premier février & le fix
mars; ce qui montre que ce furent
en général des jours d'un tems fort
couvert en Europe, à l'exception
de quelques lieux particuliers, dans
lefquels il fut poffible de remarquer
les aurores, que l'on ne vit pas fans
doute en auffi grand nombre qu'elles exiftèrent.

Les regiftres de M. de la Hire,
chargé par l'académie des fciences
de Paris de ces obfervations, portent également qu'à tous les jours
nommés ci-deffus, excepté le feul
premier février, le ciel avoit été
couvert de nuages (a). Le peu d'é-

(a) *Traité phyfique & hiftorique de l'aurore boréale, in-4°. pag. 192.*

lévation de l'aurore vue en Dannemarck le même jour, ne permit pas
qu'on la remarquât en France; si on
en apperçut quelque chose, ce ne
dut être qu'une légère clarté, de
laquelle on ne put pas soupçonner
le phénomène qui y donnoit lieu.
Il est plus singulier qu'on n'en ait
rien observé à Breslau, il faut que
quelques brouillards, ou des nuages
interposés empêchassent qu'on ne
vît au moins le ciel éclairé de ce
côté-là, si on n'appercevoit rien qui
caractérisât le phénomène.

Le 20 août 1708, le lord évêque
d'Herford observa un de ces météores près de Londres (*a*). Le 15
septembre suivant, le navigateur
Corneille Bruyn, retournant d'Ar-
changel en Hollande, & se trouvant
en mer au soixante-cinquième degré cinquante cinq minutes, vit
pendant la nuit un phénomène de
lumière extraordinaire dans l'air,

____

(*a*) *Transf. philosophiques*, n. 320.

avec de grands rayons, de sorte que l'air paroissoit tout en feu, & qu'on auroit pu lire sans chandelle. Cet éclat ne dura que deux ou trois minutes. Sans doute que l'observateur n'indique que le tems où parurent les rayons de lumière les plus vifs, qui fixèrent son attention *(a)*.

Les actes de Leipsick parlent d'une aurore boréale observée le 26 novembre 1711.

On n'a point d'observations pour les quatre années suivantes; mais en 1716 fut la reprise la plus remarquable des aurores boréales, celle pendant laquelle ce météore s'est montré le plus souvent, & avec le plus de constance pendant une assez longue suite d'années.

On en observa sur-tout en Angleterre, les phénomènes les plus marqués. A Neuvarck, dans le

____

(a) Voyages de Corneille Bruyn, tom. 5. pag. 299.

comté de Nottingham , on vit le 17 mars 1716 , un peu plus d'une heure après le coucher du soleil, du côté du nord-est , deux nuages assez obscurs, peu éloignés l'un de l'autre , & élevés sur l'horison de vingt à vingt-cinq degrés. De chacun de ces nuages il sortoit avec grande vîtesse , une lumière en manière de queue, qui faisoit l'apparence de ces rayons qu'on voit sortir des nuages quand le soleil est près de l'horison. Ces rayons s'étendirent jusqu'à couvrir une partie du ciel, depuis le nord-ouest jusqu'au nord, & n'empêchoient point qu'on ne vît à travers les étoiles, quoiqu'un peu foiblement , de la manière qu'on les voit au travers des nuages rares. Dans le reste du ciel , les étoiles y étoient aussi brillantes que dans les nuits de gelée les plus claires, en absence de la lune. Circonstance remarquable & propre à faire connoître comment l'air doit être modifié, pour que la matière de ces météores puisse se dévelop-

per. A neuf heures du soir ces jets
de lumière diminuèrent jusqu'à
dix, qu'ils recommencèrent de
nouveau & continuèrent jusqu'à
onze heures & demie.

A Londres, du côté du nord-
est, l'horison paroissoit chargé de
vapeurs fort noires & fort épaisses,
au milieu desquelles on voyoit
comme un gouffre de lumière rougeâtre, qui s'éclattoit de tems en
tems & dardoit ses rayons comme
des fusées vers plusieurs endroits
du ciel. Ces fusées se répandoient
avec beaucoup de rapidité, & formoient dans l'air des ondes d'une
fumée lumineuse, qui revenoient
sur elles-mêmes, presque toujours
avec la même figure & la même
direction. Cette fumée lumineuse
étoit si transparente qu'on voyoit
les étoiles à travers, & elle étoit si
brillante qu'on distinguoit de loin
les maisons, elle imitoit parfaitement la clarté de la lune.

Le même jour, vers les sept heures du soir, le ciel étant beau & se-

rein, on obferva à Breft, une efpèce
d'arc-en-ciel de couleur uniforme,
blanc & fort clair ; il étoit fitué du
côté du midi, & occupoit d'orient
en occident une grande étendue
du ciel, fa largeur étoit de trois
degrés. Il paroiffoit comme un
nuage fort blanc, & pénétré de
quelque lumière jufqu'à produire
un peu de jour fur la terre, fans
empêcher qu'on ne vît les étoiles à
travers. Cet arc s'étant diffipé un
peu fur les neuf heures, on vit du
côté du nord proche de l'horifon,
une lumière qui reffembloit à une
belle aurore, & qui étoit étendue
depuis le nord-oueft jufqu'au nord-
nord-eft. De cette lumière fortoient
continuellement des rayons très-
blancs & très-clairs, qui donnoient
fur la terre une efpèce de clarté,
femblable à la pointe d'un beau jour
d'été Ces rayons étoient parallèles
entr'eux, & s'élevoient jufqu'à qua-
rante-huit & cinquante degrés de
hauteur. Ils paroiffoient & difparoif-
foient par intervalles, & on voyoit

dans ces intervalles sortir de la lumière horifontale des vapeurs lumineuses en forme de vagues parallèles à l'horifon, qui s'élevoient
avec une vîtesse extrême jusqu'au
zénith, où elles disparoissoient.
Cette alternative dura jusqu'à onze
heures, & pendant tout ce tems on
vit très-clairement, à travers ces
vapeurs & la lumière horifontale,
jusqu'aux plus petites étoiles. Sur
les onze heures, il parut au nord
une lumière plus forte que la précédente, qui répandoit des rayons
très-blancs. A onze heures & demie
des nuages obscurcirent le ciel &
la lumière disparut. On crut le
phénomène fini, mais des pêcheurs
assurèrent qu'à deux heures après
minuit, le ciel s'étant éclairci, la
lumière reparut de nouveau, jettant
des rayons du plus grand éclat.

Ce même jour on vit dans le voisinage de Dieppe, entre sept & huit
heures du soir, des comètes chevelues s'élever de la mer, ce qui dura
jusqu'à neuf heures, qu'il parut une

clarté étonnante du côté des côtes d'Angleterre; on en voyoit sortir des flammes qui se portoient aux nuées, comme dans les plus grands embrasemens. Ce phénomène est sans doute le même que celui observé à Londres & à Neuvarck, & ces comètes chevelues, ne sont autre chose que les rayons vus à Rouen sortir de dessous le pole, & dont nous allons parler.

A la fin du jour on vit à Rouen l'horison du nord éclairé par des nuages fort blancs & fort lumineux; ils commençoient à l'orient de la Lire, passoient sous le pole, & s'étendoient vingt-cinq ou trente dégrés au-delà, vers le couchant d'été; ces nuages paroissoient très-brillans, sur-tout du côté du couchant. Quand ils étoient parvenus à leur plus grand éclat, il en sortoit des rayons de lumière qui s'élançoient, les uns plus, les autres moins; quelques-uns s'élevoient jusqu'à Cassiopée. Ils paroissoient pendant quelques minutes & se dissipoient.

Ce phénomène se renouvella plusieurs fois, mais toujours entre le
couchant d'été & le pole. Cette
partie du ciel depuis le couchant d'été
jusqu'à l'orient de la Lire , se trouva
couverte d'une vapeur blanche , au
travers de laquelle on découvroit
les moindres étoiles. Cela dura jusqu'à huit heures que cette blancheur couvrit tout le ciel , & on ne
vit plus se former des rayons , quoique le nord resta toujours éclairé.
On apperçut ensuite que sous le
pole à l'horison tournant un peu
vers l'orient , il se formoit une
clarté , qui peu-à-peu devint fort
grosse , & de cette clarté sortoient
des vapeurs minces & transparentes,
qui s'élevoient rapidement comme
de gros rayons , qui n'avoient d'a-
bord que peu de lumière , mais à
mesure qu'ils montoient , ils devenoient plus lumineux , & quand
ils étoient à-peu-près à moitié de la
hauteur du pole , ils s'arrêtoient ,
& se replioient sur eux-mêmes ;
ils formoient un gros amas de lu-

mière, qui ensuite se dissipoit. Ce phénomène se renouvella douze ou quinze fois dans moins d'une demie heure; sur les onze heures les rayons cessèrent & la lumière de l'horison diminua. On voit dans cette relation que ce que l'on appelle la couronne ou la coupole se forma à demi, c'est-à-dire qu'elle n'en présentoit que la coupe vue en face, parce que les rayons ne venoient que d'une partie de l'horison.

La même nuit un phénomène semblable fut observé sur les côtes du Languedoc, entre neuf & dix heures. On apperçut à l'ouest de l'étang de Vendrés, une clarté à-peu-près semblable par sa couleur à celle qu'on voit au lever du soleil, & même plus rouge, qui étoit partagée en colonnes, les unes plus claires que les autres. Cette lumière étoit si vive qu'on distinguoit fort bien le cap Saint-Pierre, distant de trois milles vers l'ouest de l'étang. On la vit pendant une heure, elle se dissipa ensuite vers le sud. Cette lumière parut en Languedoc, du nord-ouest au sud-ouest, & dans les parties septentrionales de la France, elle s'étendoit du nord-ouest au nord-est.

Mais ce qu'il y a de plus remarquable c'est qu'on vit ces mêmes phénomènes lumineux en d'autres climats fort éloignés. Des Anglois qui faisoient route pour l'Amérique, & dont le vaisseau se trouvoit près des côtes d'Espagne, à quarante-six degrés trente-six minutes de hauteur, virent le phénomène en même-tems & à la même heure. Il fut observé aussi en Amérique avec des apparences semblables, la couronne se formant au zénith des spectateurs. Ce n'étoit certainement pas le même météore individuellement que l'on observoit dans les deux hémisphères: c'étoit donc une matière de même qualité répandue dans l'atmosphère, qui donnoit par-tout les mêmes apparences, avec une déclinaison

à-peu-près égale du nord au sud.
Ce phénomène presque général fut
l'époque du renouvellement des
observations, que l'on fit depuis
avec plus d'attention & plus de
succès, parce qu'on le vit reparoître
plusieurs années de suite, & que
l'on eut la facilité de comparer les
unes avec les autres, & de donner
de la certitude aux conjectures que
l'on forma sur leurs causes.

Le 11 avril suivant (1716), à
dix heures & demie du soir, après
le crépuscule éteint, on commença
à voir à Paris une grande lumière
blanchâtre, répandue le long de
l'horison du côté du nord-ouest &
du nord, qui occupoit du couchant
au septentrion environ quatre-vingt
degrés, sa largeur étoit terminée
d'un côté par l'horison d'où elle
paroissoit sortir & s'élever à la
hauteur de sept degrés, excepté
vers les deux extrémités où elle
étoit moins large. Sa clarté étoit
également répandue par-tout, &
elle ne s'affoiblissoit que vers sa

partie supérieure. Le ciel étoit si
serein, sur-tout en cet endroit
de l'horison, & cette lumière étoit
si claire qu'on voyoit à travers, à
la simple vue, les étoiles, dont la
différente position, relativement à
cette lumière qui conserva toujours la même largeur pendant l'observation, fait voir que sa matière
ne participoit point au mouvement
du premier mobile, par conséquent
qu'elle n'étoit pas céleste, mais attachée à notre atmosphère, & différente de la lumière découverte
par M. Cassini sur le zodiaque, qui
suivoit le mouvement propre du
soleil.

Dans ce phénomène, outre la
lumière constante & uniforme qui
étoit semblable à celle de l'aurore,
mais plus claire & plus blanche,
on voyoit de tems en tems des
colonnes d'une lumière un peu plus
vive, qui avoient l'apparence de
queues de comètes. Ces colonnes
commençoient de paroître à l'horison, & étant poussées comme de

bas en haut, s'élevoient un peu au-
deſſus de l'extrémité ſupérieure de
la lumière horiſontale, elles ſem-
bloient imiter les jets d'eau & les
fuſées; c'étoient de vrais jets d'un
feu brillant, qui, traverſant en
différens points l'amas de matière
lumineuſe & s'élevant plus haut,
le faiſoient paroître crénelé dans
ſa partie ſupérieure. Ces colonnes
larges d'environ deux degrés alloient à la hauteur de ſept à huit,
& n'étoient viſibles que dans l'eſpace de quinze à trente ſecondes
au plus. Lorſqu'elles avoient diſparu, on étoit huit à dix minutes
ſans en voir, après quoi elles re-
paroiſſoient de nouveau. Ce ſpectacle ſe renouvella pluſieurs fois
dans l'eſpace d'une heure, & continua juſqu'à onze heures & demie.
Alors on ne vit plus de rayons perpendiculaires, la lumière horiſontale diminua d'éclat, ſoit que ſa
matière s'épuiſât, ſoit qu'elle fût
affoiblie par la lumière de la lune,
qui ce jour-là s'étoit levée à onze
heures

heures un quart. Elle devint insensible un peu après minuit, c'est-à-dire
que sa matière étoit épuisée, car
dans les grandes aurores boréales la
lune, même à son plein, diminue
peu de leur éclat.

Le douze du même mois d'avril,
sur les neuf heures & demie du
soir, le ciel étant fort serein, on
vit une trace de lumière répandue
à l'horison dans la même situation
que la veille; il n'y eut qu'une
seule fois des rayons lumineux perpendiculaires à l'horison; ce jour-
là le vent sud-est étoit très-fort,
sur-tout le soir.

Le 13, à huit heures trois quarts
du soir, le crépuscule étant fini, on
commença à voir à l'horison comme la veille, une lumière foible
qui étoit encore dans le même état
à dix heures. Une demie heure
après elle augmenta beaucoup,
quoiqu'elle fut moins vive que celle
du 11, sur-tout à ses extrémités;
elle ne conserva son éclat qu'une
demie heure. Pendant ce tems, on

Tome X.   L

vit sortir de son extrémité la plus
orientale une de ces colonnes de
lumière, qui par un mouvement
successif du nord-est au nord-ouest,
parcourut en peu de minutes toute
son étendue, & alla finir à l'extrémité occidentale. La lumière ho-
risontale s'affoiblit ensuite par degrés, & disparut entièrement vers
les onze heures & demie.

Deux jours auparavant, à dix
heures & demie du soir, on observa de Dieppe, à l'horison du côté
du couchant, un nuage qui s'étant
étendu vers le nord, & élevé à la
hauteur de trente-cinq degrés, se
forma en manière de globe, qui
devint rouge & s'éleva encore perpendiculairement, après quoi il
jetta une flamme qui dura environ
un quart d'heure. Ce globe descen-
dit ensuite proche de l'horison, &
le ciel s'étant couvert à minuit, le
phénomène disparut. Qui ne recon-
noîtra dans cette observation la
matière conglomérée d'une aurore
boréale, fort semblable à celle des

autres météores ignées dont nous avons parlé dans le discours précédent, & qui certainement doivent leur origine aux exhalaisons & aux vapeurs qui sortent de la terre.

Cette variété de phénomènes qui annoncent une identité de matières, vus en même-tems & à diverses distances les uns des autres, sous des formes différentes, ne prouve-t-elle pas clairement que tous doivent leur existence à des matières de même nature, répandues inégalement dans l'atmosphère, qui y trouvent en même-tems les circonstances favorables à leur développement, puisqu'on les voit à la même heure, dans les différens endroits.

Tous les phénomènes dont nous venons de parler furent précédés par un météore de même espèce ; le premier de ceux qui furent alors observés en Europe, & qui fut vu à Solnin dans l'Ukraine. L'observation en fut envoyée à M. l'abbé

Bignon, par le prince de Moldavie.
Le 15 mars 1716, à quatre heures
de nuit, du côté du nord-est, à
la hauteur où le soleil a coutume
d'arriver deux heures après son lever, on vit une espèce de lumière
longue & fort mince, qui s'étendit dans la suite considérablement
en manière de colonne, dont la
base étoit crénelée, & la partie supérieure se terminoit en pointe, en
forme de lance. Elle étoit de couleur de feu, sa largeur étoit distin-
guée par plusieurs canelures blanches, qui règnoient dans toute sa
longueur, depuis la base jusqu'au
sommet. Une heure après s'être
élargie ; sa couleur rouge se changea
peu-à-peu en blanc : ce changement ayant commencé par la pointe,
continua successivement jusqu'à la
base, après quoi la colonne se dissipa (a).

(a) V. les mém. de l'acad. des sciences, an.
1716. hist. pag. 95 & suiv.

On voit dans cette obfervation
la matière du phénomène affez
clairement indiquée, la rougeur annonce l'état de l'air toujours chargé
de vapeurs, lorfque l'incendie commence à paroître, mais qui venant
à fe raréfier, laiffe voir la lumière
dans fon éclat naturel, qui dure
peu, parce que les premiers inftans
font ceux où l'inflamation eft la
plus vive, la matière étant alors
plus abondante. Ces différentes
obfervations faites avec autant de
fageffe que de difcernement, dé-
pouillées de tout ce que l'efprit de
préjugé & de fuperftition avoit
coutume d'ajouter dans les defcriptions que l'on faifoit autrefois
de ces phénomènes, nous apprennent à les connoître, & nous laiffent peu de doute fur leur matière
véritable, & les caufes de leurs
variétés. Nous nous fommes arrêtés
fur ceux de 1716, parce que cette
reprife fait époque dans l'hiftoire
des aurores boréales, & que c'eft-

là que l'on peut fixer l'origine des vraies connoiffances que l'on en a acquifes. On en vit encore le 15 & le 16 décembre de cette même année.

Les années fuivantes eurent auffi leurs aurores boréales affez fréquentes. On en compta fix en 1717. Celles qui furent vues au mois de janvier, étoient de ces efpèces d'aurores tranquilles que l'on appelle horifontales, à caufe qu'elles répandent leur lumière à une petite hauteur, non - feulement vers le nord, mais quelquefois tout autour de l'horifon. La matière qui fert à les former doit dans ces circonftances fe trouver prefque également répandue dans toute l'atmofphère, où les modifications qu'elle y reçoit annoncent une température égale. Dans l'aurore obfervée à Upfal, le 20 feptembre de cette année, on y remarqua quatre cercles lumineux, ou au moins trois, les uns au-deffus des autres, séparés par un intervalle obscur de peu d'étendue (a). Ces météores comme ceux du mois de janvier devoient être tranquilles.

Dans ces sortes de phénomènes, il n'est pas rare d'observer des arcs lumineux qui paroissent à une distance considérable de leur centre, & qui sont ornés de quelques-unes des couleurs de l'iris. Un de ces phénomènes qui fut observé à la Haye le 27 février 1750, pendant que M. de Mairan l'observoit à Paris, donne à ces arcs une hauteur dans l'atmosphère, égale à celle de l'aurore boréale même. On voit les étoiles à travers ces arcs, comme à travers la matière de l'aurore boréale, quoiqu'un peu plus obscurément : ils semblent quelquefois s'abaisser & diminuer de hauteur ; enfin on les voit souvent ré-

____

(a) *Quatuor ad minimum aut tres mediocribus tenebrarum intervallis distincti, & unus supra alterum positi.* Philos. transf. n. 385.

L iv

pondre à la partie du ciel qui est entre le zénith & le sud.

Ces arcs sont en tout si semblables à l'aurore boréale, & offrent des phénomènes si analogues, qu'aucun de ceux qui les ont observés, n'a pu leur assigner une autre nature, & M. de Mairan n'hésite pas à les reconnoître pour tels. Ces bandes ou arcs ne sont, selon lui, qu'une partie de la matière même du phénomène qui n'a pas eu le tems de s'approcher assez du nord: & si on observe quelquefois dans ces arcs un mouvement par lequel ils paroissent s'éloigner du zénith & s'approcher du sud, c'est parce que l'inflammation ayant commencé vers la partie septentrionale, gagne peu-à-peu la partie méridionale de cet amas de matière, pendant qu'elle abandonne le bord septen- trional déja consumé, & que son éloignement du foyer du phéno- mène l'empêche d'en tirer de quoi se réparer, ce qui donne nécessai- rement à ces arcs l'apparence d'un

mouvement progressif vers le sud.
On doit attribuer à la même cause
quelques arcs-en-ciel lunaires qui
ont été observés & qui paroissent
absolument se refuser aux règles
connues de l'optique : ces iris pré-
tendues ne devant être que des
bandes ou des arcs semblables à
ceux dont nous venons de parler (*a*).
Cette explication de l'origine des
arcs lumineux que l'on voit dans
quelques aurores, facilitera l'intelligence d'autres phénomènes de
ce même genre, & elle est très-
propre à donner l'idée de la matière qui entre dans leur composition, qui, dans cette hypothèse,
doit être la même que celle de la
plupart des météores ignées les plus
fréquens dans nos climats.

En 1718 on observa huit aurores
boréales.

En 1719 il y en eut dix. Les

____

(*a*) *Mém. de l'acad. des sciences, an.*
1756. hist. pag. 40 *& suiv.*

premières furent vues le 22 février à Vicence & à Bologne. A Montauban en Languedoc, le 25 mars, une heure ou deux après le coucher du soleil, dans un air médiocrement froid & fort sec, elles furent tranquilles. On observa à Paris, le 30 mars à huit heures dix-huit minutes du soir, une colonne de feu élevée de vingt degrés & couchée presque parallèlement à l'horison sur une étendue de vingt-cinq ou trente degrés, un peu plus large que le demi-diamètre du soleil dans son extrémité orientale, & terminée en pointe dans l'occidentale. Dans toute sa longueur, le haut étoit beaucoup plus clair que le bas qui étoit fort rouge. Le tout ensemble effaçoit la lumière de la lune, quoiqu'elle fût à son huitième jour & fort nette, le ciel étant très-serein. Ce météore étoit entre le nord-ouest & l'ouest, & avoit un peu de mouvement vers l'ouest. A peine eut-il été observé quelques secondes qu'il disparut en un inſtant, ſans avoir changé de place par rapport à l'horiſon.

Le 7 avril à neuf heures du ſoir, M. Maraldi obſerva depuis le nord-eſt juſqu'au nord-oueſt, un autre météore d'un éclat auſſi vif que le précédent, mais non pas auſſi tranquille, auſſi uniforme, & d'une durée auſſi courte. Il reſſembloit, par les colonnes qui s'élevoient de tems en tems & diſparoiſſoient enſuite, au météore vu à Paris le 11 avril 1716. Il dura près d'une heure & demie (a). Quand ces ſortes de météores ne ſont pas tranquilles, mais agités, il paroît que la cauſe de leur mouvement eſt ordinairement la même : il y a une baſe de lumière, d'où il s'élève à différentes repriſes des colonnes verticales. Il y a peut-être dans le foyer de l'incendie des matières qui ne prennent pas aiſément feu,

____

(a) *Mém. de l'acad. des ſciences, ann.* 1719.

L vj

& qui commençant à s'allumer par le bas où elles sont le plus inflammables, la flamme se communique ensuite dans toute leur étendue. De toutes les aurores de cette année, celle du 21 novembre auroit dû être la plus remarquable, mais on ne l'observa que par hasard, à cinq heures du matin, lorsque la matière du phénomène étoit en grande partie consumée, n'ayant plus ni segment obscur vers le nord, ni arc lumineux sensible. On y vit seulement quelques rayons lumineux qui se réunissoient au zénith pour former une couronne ou coupole, qui paroissoit & disparoissoit par intervalles. Si on eût pu l'observer plutôt, c'est-à-dire avant le milieu de cette même nuit, il est probable qu'elle eût beaucoup ressemblé aux aurores vues aux mois de novembre 1605 & 1607, dont nous avons parlé plus haut (§. 5. de ce discours.)

Les aurores furent aussi multipliées en 1720. M. Maraldi nous

a laissé la description de celle du
29 novembre. « L'aurore boréale,
» dit-il, parut fort claire pendant
» cinq heures, c'est-à-dire depuis
» six heures & demie, que je com-
» mençai de la voir, jusqu'à onze
» heures & demie qu'elle fut cou-
» verte par des nuages. Elle étoit
» formée en arc, dont la convexité
» regardoit le zénith : elle occu-
» poit d'abord l'étendue du ciel
» compris depuis les pieds précé-
» dens de la grande Ourse vers
» l'orient, jusqu'au-delà des étoiles
» qui font dans l'extrémité de fa
» queue. A sept heures & demie
» du soir le ciel s'étant couvert du
» côté du nord, on voyoit par quel-
» ques ouvertures que laissoient les
» nuages, le ciel fort clair, ce qui
» marque que la lumière ne s'étoit
» point dissipée, & qu'elle étoit
» au-dessus des nuages. Le ciel s'é-
» tant découvert à huit heures &
» un quart, la lumière parut avec
» plus d'éclat qu'auparavant, &
» plus élevée sur l'horison : elle

» continua de paroître fort claire
» jusqu'à onze heures & demie du
» soir, toujours attachée aux mê-
» mes parties de l'horison, pendant
» que les étoiles de la grande Ourse,
» qui, du commencement étoient
» vers le nord, dans la partie infé-
» rieure de leurs cercles au-dessus
» de la lumière, avoient passé vers
» la partie orientale de l'horison;
» ce qui prouve que la lumière ne
» participoit point du mouvement
» universel, & qu'elle étoit dans
» l'atmosphère ».

Il y eut plusieurs aurores boréales
en 1721. La plus remarquable fut
celle du 17 février. Elle fut observée à Giessen en Allemagne, avec
les phénomènes des aurores principales. On la vit de même à Paris
très-brillante, mais elle ne forma
la couronne en aucun autre endroit
qu'à Dublin en Irlande; au moins
on ne parle pas qu'elle ait été re-
marquée ailleurs. Cette couronne se
portoit de sept à huit degrés du
zénith sur le midi. Elle avoit trois

arcs lumineux; & l'on obferva qu'a-
près que le troifième arc fut formé,
les petites étoiles qui étoient d'abord
cachées par le fegment obfcur, fe
montrèrent immédiatement après.
Circonftance remarquable, & qui
nous aprend à connoître où eft l'a-
mas de la matière phofphorique
qui fert à la formation de l'aurore
boréale.

L'année 1722, eut plufieurs de
ces météores lumineux, ils fe fuccédèrent même d'affez près dans les
mois de feptembre, octobre, novembre & décembre. Leur matière
fe porta plus loin du nord au fud,
qu'elle n'avoit coutume; les obfervateurs de Bologne furent étonnés
d'en voir une la nuit du 31 décembre au premier janvier 1723. C'é-
toit, difent les mémoires de l'inf-
titut, la première aurore boréale
que l'on eût obfervée en Italie, de
mémoire d'homme, où ce phénomène ne fe montre que très-rarement : elle fut lumineufe & tranquille comme elles le font ordinai-

rement en ces climats (*a*).

Il n'eſt pas douteux que la chaîne de montagnes élevées qui ſépare l'Italie du reſte de l'Europe, ne ſoit un obſtacle à ce que les météores de ce genre s'y montrent auſſi ſouvent que dans les contrées plus ſeptentrionales. Nous croyons même avoir aſſez bien établi dans la théorie générale de l'air, que la température des régions qui s'étendent des Alpes au cercle polaire, eſt toujours fort différente de celle qui règne des mêmes montagnes au tropique. Ce qui peut être la cauſe principale, pourquoi la matière propre à former les aurores boréales,

---

(*a*) *Affirmare utique poſſumus, auroram hanc primam eſſe quæ Italis fuerit obſervata, nam nullam aliam ante apparuiſſe, memoriâ proditum eſt.* **Comment. acad. Bononienſis. tom.** 1. Nous avons dit de mémoire d'homme, car il y a grande apparence que l'on y auroit pu obſerver une aurore en 1654, comme nous l'avons remarqué plus haut.

qui y eſt auſſi abondante que dans les pays plus avancés au nord, ne s'y modifie pas de manière à produire ſouvent de ces météores lumineux, ſur-tout avec les accidens ſinguliers que l'on y voit conſtamment au nord ?

On remarqua pluſieurs aurores en 1723, mais elles furent très-imparfaites. Celle dont nous venons de parler, vue à Bologne en Italie, fut obſervée à Paris & en Angleterre, le 3 janvier. A en juger par les différens endroits où elle ſe montra, on eſt en droit de ſuppoſer que ſi elle ne parut pas avec plus d'éclat, il ne faut attribuer ces variations qu'au plus ou moins de ſérénité de l'air. S'il eſt trop embrumé dans la région ſupérieure, on n'apperçoit point le phénomène caché par un voile épais : s'il eſt trop éclairé, la matière phoſphorique de l'aurore, extrêmement atténuée, ſe diviſe, ſe diſperſe dans l'air, & y répand une lumière uniforme que l'on regarde comme

l'effet d'un air très-épuré, & qui
n'est cependant produite que par
un phlogistique extraordinaire répandu dans l'atmosphère. C'est ce
que l'on peut remarquer quelquefois dans les mouvemens impétueux de l'air, lorsque le vent de
sud est de la plus grande force : les
nuages qui sont ordinairement alors
épais & fort bas venant à se séparer, on est tout étonné de voir
une espèce de lumière sortir des
ténèbres épaisses des nuits les plus
obscures. Cette lumière n'est occasionnée que par un phlogistique
très-abondant dispersé dans l'air,
qui est la source de la forte agitation qui s'y fait sentir.

§. XIII.

Suite des observations sur les aurores boréales, depuis 1726 jusqu'en 1731.

Les aurores boréales de 1724 & 1725, n'eurent rien de remarquable ; il y en eut plusieurs en 1726, qui sont devenues fameuses par les observations qui en furent faites, & par le mérite des observateurs. Nous allons parler des principales. Le 26 septembre de cette année, vers les dix heures du soir, le ciel étant serein & sans nuages, M. de Mairan vit de Breuillepont, une grande lumière sur l'horison du côté du nord, qui s'étendoit comme une bande, & y occupoit quatre-vingt-cinq à quatre-vingt-six degrés. Sa hauteur avoit au milieu environ le quart de sa longueur : elle étoit moins haute à ses extrémités : elle y diminuoit de clarté de même qu'à toute fa partie fupérieure, ce qui donnoit à fa figure totale à-peu-près l'air d'un fegment de cercle; elle s'étendoit beaucoup plus vers le couchant que vers le levant.

Cette lumière pouvoit être confidérée comme un fond permanent, fur lequel s'élevoient de tems en tems, & prefque à plomb, des colonnes plus claires qu'elle, ou plus approchantes de la couleur de feu. Dans les premiers momens qu'elle fut vue, elle avoit deux ou trois de ces colonnes, inégales en groffeur, en hauteur & en clarté. La plus groffe & la plus haute qui étoit vers le milieu un peu à droite, parut avoir trois diamètres du foleil de largeur vers fa partie fupérieure, où elle étoit plus large qu'à fon pied fur l'horifon : elle s'élevoit environ du quart de fa longueur au-deffus de l'aurore, & portoit d'autant fur le ciel blanc, en s'y perdant par des nuances un peu rougeâtres. Les autres & celles qui leur fuccédoient ; tantôt à un endroit, tantôt à l'autre, étoient à-peu-près de même, car ces colonnes font très-changeantes & peu durables. On apperçoit d'abord un petit défaut d'uniformité fur le fond de la lumière totale, une efpèce de lueur tranfparente, dont la vivacité ne femble croître que pour qu'on y fixe davantage fes regards. En moins d'une minute, pour l'ordinaire, cette lueur parvient à fa plus grande clarté, & alors elle eft très-vifible & plus denfe : un inftant après elle diminue & s'évanouit par degrés fi infenfibles, quoique très-prompts, qu'on feroit tenté de croire que ce feroit une illufion de la vue, fi le phénomène n'étoit fouvent répété. Le plus qu'on ait vu de ces colones à la fois, dans ce phénomène, eft cinq à fix, vers les dix heures & demie. Les yeux font attirés çà & là par ces colonnes naiffantes qui fe fuccèdent & qui difparoiffent quelquefois en moins de fept à huit fecondes. Celles-ci commencèrent à être vues, tantôt

par le haut, tantôt par le bas, &
quelquefois par le milieu, comme
si, étant formées d'avance, elles ne
fussent devenues visibles, que parce
que quelque lumière étrangère venoit à les frapper. Quelques-unes
étoient plus enflammées par le milieu, selon leur longueur, d'autres par les bords, & très-peu étoient
exactement perpendiculaires à l'horison ; elles étoient presque toujours convergentes du côté de l'est,
où le centre de l'aurore boréale paroissoit se porter par un petit mouvement horisontal. Cette aurore
s'affoiblit insensiblement depuis
onze heures à minuit, qu'elle cessa
d'être visible, dans tout ce tems
il n'en partit aucun jet de lumière.
· Là même lumière reparut le lendemain 27, vers les onze heures &
demie du soir. Le ciel avoit été
fort couvert tout le jour, & sur-
tout depuis les six heures du soir
jusqu'à onze, mais ayant commencé
de s'éclaircir après onze heures,
l'aurore boréale parut au même

lieu que la veille & tout-à-fait
semblable, des nuages la dérobè-
rent de nouveau, & empêchèrent
d'en voir la fin.

Voilà une de ces aurores boréales
tranquilles, telles qu'on les voit
ordinairement dans nos climats,
& sur-tout dans l'Italie septentrionale. Celle dont nous allons
parler est d'une espèce bien différente, par son étendue, ses mouvemens, & les phénomènes singuliers qui l'accompagnèrent.

Le 19 octobre 1726, à sept heures un quart du soir, il parut une
grande lumière du côté du nord,
plus élevée & plus étendue que
celle du 26 septembre précédent.
C'étoit d'abord un grand quart de
cercle appuyé sur l'horison, comme
un limbe de cinq à six degrés de
largeur, qui bordoit un segment
circulaire fort obscur, tirant sur le
violet. Ce phénomène se portoit
plus à l'occident qu'à l'orient. Son
amplitude étoit d'environ cent degrés, & ce qu'il avoit de singulier,

c'est que sa lumière, à ses deux extrémités, étoit plus étendue, plus enflammée, moins uniforme que dans tout le reste du limbe; & s'élevoit en forme de bouquet, comme s'il y avoit eu des restes d'un autre arc appuyé sur les mêmes impostes. Le segment circulaire, obscur & opaque qui remplissoit le dedans du limbe jusqu'à l'horison, se maintint à-peu-près dans le même état dans toute la durée du phénomène.

A sept heures & demie le segment obscur se dentela par ses bords, sans diminuer de grandeur ni d'obscurité, & peu-à-peu en moins de trois minutes, il s'éleva de sa circonférence à distances presque éga- & au nombre de dix-huit à vingt, des colonnes, ou plutôt des crénaux noirâtres & semblables à de la fumée épaisse qui auroit été dardée du centre du cercle auquel appartenoit le segment vers la circonférence. Ces crénaux obscurs qui coupoient ainsi le limbe éclairé,

&

& qui laiſſoient voir ſa lumière
dans leurs intervalles, y produi-
ſoient par là autant de petites colonnes, ou de crénaux lumineux.
Les uns & les autres ne montèrent
pas bien haut, & ne paſſèrent pas
le bord extérieur du limbe, où ils
ſe confondirent avec une eſpèce
d'arc ou de ſecond cintre fort obſcur qui terminoit le premier, qui
étoit de la même couleur, & apparemment de la même matière que
les crénaux noirâtres & le dedans
du ſegment.

Un quart d'heure après le ſpectacle devint plus ſingulier & plus
magnifique ; le ciel étoit éclairé
de toutes parts d'une lumière qui
s'élevoit de l'horiſon par vibrations
& par ſecouſſes, comme une flamme ondoyante dont toutes les ſom-
mités alloient ſe réunir au zénith,
à un lieu fixe, où ſe formoit une
eſpèce de couronne au centre de
laquelle tendoient une infinité de
courans de lumière. Tout l'hémiſphère concave du ciel, ne reſ-

sembloit plus qu'à un dôme, dont ce point de réunion étoit la clef.

Du côté du nord le segment circulaire, violet, noirâtre de l'aurore subsistoit toujours, mais les colonnes de fumée étoient dissipées, & la lumière du limbe éclairé, se confondoit avec des flocons de nuages blancs aussi éclairés que lui, & qui en remplissoient tout l'intervalle depuis le segment obscur jusqu'au point de réunion vertical. Vers le levant la lumière étoit plus vive qu'en aucun autre endroit du ciel, & ses vibrations mieux frappées. Le couchant étoit remarquable par l'amas de cinq à six nuages obscurs & violets, du milieu desquels il en sortoit un fort gros & rouge comme du sang. Les ondulations de lumière y étoient peu sensibles.

Au midi tout paroissoit plus tranquille, on y découvroit même une partie du ciel qui étoit bleu foncé & sans lumière. Les étoiles se voyoient par-tout où il n'y avoit point de nuage, soit lumineux, soit obscur.

Ces phénomènes déja assez re-marquables par eux - mêmes , le devenoient encore davantage par les changemens continuels qui y arrivoient. On ne regardoit pas le ciel sans y découvrir de nouveaux objets , aussi dignes d'attention que ceux qui les avoient précédés ; ce qui dura jusqu'à plus d'une heure après minuit , & peut-être jusqu'au crépuscule du matin.

Dans le cours de ce phénomène, à neuf heures , il s'éleva du seg-ment obscur, de grands jets de lu-mière semblables à des aigrettes , ou le plus souvent aux rayons du soleil que l'on voit s'échapper par derrière les nuages , qui alloient jusqu'au sommet & s'y terminoient comme ses côtés : ils continuèrent avec divers changemens & quelques interruptions jusqu'à dix heures six minutes , où il ne s'en forma plus, toute la lumière de l'aurore paroîs-sant s'affoiblir. Alors le segment obs-cur devint blanc & lumineux, à-peu-près comme le reste de la matière du phénomène ou des nuages éclairés, ce qui dura 5 à 6 minutes, après quoi il reprit sa première forme, avec son limbe lumineux. Mais depuis onze heures jusqu'à une heure un quart après minuit, il paroissoit s'ouvrir aux bords de sa circonférence, tantôt vers le levant, tantôt vers le couchant, & il en sortoit à chaque fois un grand jet de lumière, qui s'étendoit vers le zénith, & qui enflammoit quelquefois de proche en proche tout le reste du ciel. C'est ce qui arriva à minuit trente minutes; le ciel paroissant tranquille & dégagé de nuages tant obscurs que lumineux, excepté le segment & son limbe, il sortit d'une brèche du segment vers le levant, une aigrette lumineuse mêlée de couleur de feu, tirant sur le citrin vers ses bords, & en moins d'une minute sa clarté s'étendit jusqu'au zénith, embrassant toute cette partie du ciel jusqu'au midi, & ramena les vibrations & les ondes de lumière qui durèrent cinq minutes environ. Les premiers phénomènes se rétablirent ensuite la lumière paroissant s'affoiblir ; cependant le segment obscur & la clarté de l'aurore, tels que nous les avons d'abord indiqués, furent observés tout le reste de la nuit, & le matin du 20 vers les cinq heures & demie, cette partie du ciel étoit encore éclairée & rougeâtre, malgré la lumière de la véritable aurore qui commençoit à se montrer à l'orient ; d'où il paroît que le véritable foyer de l'incendie étoit à cet endroit. C'étoit de-là que partoient les phénomènes qui s'étendoient dans le reste du ciel.

Ainsi ces météores singuliers peuvent être considérés comme des volcans aëriens, dont les matières se rassemblent des différentes parties de l'atmosphère à un point déterminé, où elles fermentent ensemble, s'allument & produisent des feux dont la durée & les apparences sont relatives à la quantité &

à la qualité des substances qui les
entretiennent. Lorsqu'elles ne font
que brûler, sans être agitées par
une cause qui les porte à de vio-
lentes éruptions, elles produisent
ces aurores tranquilles qui ne sont
que lumineuses, ou tout au plus
accompagnées de quelques jets de
feu qui s'élèvent tranquillement.
Si le mouvement de ces matières
est excité par une cause très-active
d'expansion, elles produisent mille
phénomènes variés, qui se manifestent par une quantité d'éruptions, dont les effets se portent
d'autant plus loin qu'ils ne trouvent
aucune opposition de la part de
l'air où ils se dévelopent. De même
donc qu'il y a des volcans qui ne
font que des espèces de fournaises
qui brûlent sans éruptions marquées, & d'autres d'où il sort par
intervalles des feux violens, des
torrens de matière enflammée; de
même il y a des aurores tranquilles & d'autres accompagnées d'é-
ruptions, tant que la matière in-

flammable suffit à les entretenir.

Dans le plus grand mouvement du phénomène dont nous retraçons l'histoire, la clarté & les vibrations de lumière passoient successivement de l'occident au midi & souvent dans tout le ciel : il y avoit des momens de tranquillité où tout sembloit aller se réunir au nord & près du limbe lumineux. Des nuages éclairés tapissèrent plusieurs fois le levant ; ils étoient blancs, mais en approchant du midi ils devenoient couleur de rose ; à huit heures cinquante minutes, il y eut de ce côté un nuage fort rouge qui y reparut encore vers les dix heures six minutes.

Le gros nuage rouge de l'occident & les rayons qui s'en échappoient, étoient si bien couleur de sang, que dans un autre tems on l'eût pris pour une de ces pluies de sang dont parlent les anciens historiens : il dura jusqu'à neuf heures, & fut remplacé par des nuages d'un violet clair & lavé.

M iv

Au midi il y eut des nuages blancs lumineux , quelquefois teints de rouge, qui tendoient au zénith. La couronne ou dôme changea plufieurs fois de figure, mais la plus conftante fut circulaire , & d'un diamètre quatre fois plus grand que celui du foleil : c'étoit une efpèce de trou rond, au tiffu des nuages lumineux dont il réfultoit, & à travers lequel on voyoit le ciel d'un bleu pâle. Ces nuages furent prefque toujours blancs , quelquefois hachés de traits de couleur de feu. Ce météore fut obfervé à Paris avec les mêmes apparences (a).

La magnificence de ce fpectacle réveilla l'attention de toutes les académies. Leurs mémoires fontmention de quantité de ces météores obfervés dans les différentes régions de l'Europe par des favans en état d'en rendre compte. Le célèbre

____

(a) *Mém. de l'acad. des fciences , pag.* 198 *& fuiv. ann.* 1726.

Eustache Manfredi, observa une aurore à Bologne le 14 mars 1727. Suivant les observations météréologiques de M. Maraldi, la lumière boréale parut plusieurs fois dans le printems & l'automne de 1728, & même en été, ce qui parut extraordinaire : on la vit le 16 juillet, le 2 août, le 29 du même mois, & le 15 septembre. Au tems de cette apparition l'air étoit tranquille & le vent au nord. Ce phénomène consistoit dans une lumière uniforme & constante attachée à l'horison, & accompagnée de quelques rayons qui s'élevoient perpendiculairement. Le même météore avoit été vu à Wittemberg, le 29 juin, où il dura depuis dix heures du soir jusqu'au matin, la lune étant sur l'horison & l'air fort tranquille. Il fut éclatant & accompagné de jets de feu & de nuages lumineux. Ce météore vu de Paris, de trois degrés moins septentrional que Wittemberg, fut confondu avec la lumière du crépuscule.

M v

L'aurore obfervée le 2 octobre par M. de Mairan à Breuillepont, fut remarquable par la manière réglée & infenfible, dont elle paffa de l'occident où elle déclinoit d'abord de quatorze ou quinze degrés au-deffous de l'étoile polaire exactement, & enfuite de trois ou quatre degrés vers l'orient.

Il y eut plufieurs aurores en 1729, la plus magnifique fut celle du 16 novembre que l'on peut comparer à celle du 19 octobre 1726; elle eut même des circonftances qui la rendent encore plus fingulière. Elle commença à fix heures du foir & dura jufqu'à cinq heures du matin, dans un affez grand mouvement, & une variation continuelle de colonnes ou jets de lumière, d'ondulations, de ceffations & de reprifes. Il fe forma comme en 1726, une couronne au zénith. La lumière eut un mouvement fenfible de l'occident vers l'orient; elle traverfoit auffi toute la partie méridionale du ciel, & s'élevoit du côté du midi à la hauteur de trente degrés environ, où elle occupoit au moins huit ou dix degrés de largeur, ayant à-peu-près la forme d'un arc large par le milieu & étroit aux deux extrémités, dont celle qui étoit vers l'orient, étoit repliée en s'élevant un peu vers le zénith. A huit heures vingt-cinq minutes, on apperçut une espèce de poutre lumineuse élevée perpendiculairement au-dessus de l'horison de plus de trente degrés qui venoit se terminer à l'horison oriental. A dix heures sa lumière augmenta beaucoup du côté du nord, elle devint comme le foyer d'un grand nombre de flammes légères & ondoyantes qui s'étendoient par tout le ciel. A onze heures quarante minutes, il parut un grand arc blanchâtre qui commençant à l'horison du nordest, & s'élevant dans sa plus grande hauteur d'environ vingt degrés, alloit se terminer au nord-ouest, occupant quatre-vingt-dix degrés. Il étoit entrecoupé par des espaces lumineux rangés ſans ordre, d'où il ſortoit continuellement des flammes légères ; cet arc ſe diſſipa à onze heures trois quarts. Après minuit il parut un nouvel arc lumineux mal terminé de part & d'autre , qui commençoit à l'horiſon entre le nord & l'eſt, paſſoit près du zénith & alloit ſe terminer à l'horiſon oppoſé entre le ſud & l'oueſt. Sa largeur étoit inégale depuis ſix juſqu'à douze degrés, & l'on en voyoit ſortir des ondulations continuelles de lumière, qui étoient beaucoup plus ſenſibles que dans tous les autres endroits du ciel. Il dura plus d'une demie heure , après quoi la lumière parut plus vive au nord-eſt, où elle eut des variations continuelles juſqu'à près d'une heure qu'elle ſembla diminuer: elle dura cependant juſqu'à cinq heures du matin avec des ondulations de lumière toujours marquées. Ce que ce phénomène eut de plus remarquable, ce furent les arcs lumineux qui l'accompagnèrent du côté du midi,

& sur-tout celui qui passant par le
zénith traversoit tout le ciel, depuis le point de l'horison du nord-
est, jusqu'au point opposé du sud-
ouest (*a*).

Cette singularité fut renouvellée
dans les aurores du 9 janvier, du 4
& du 15 février 1730. La première
fut vue à dix heures du soir, &
s'étendoit à l'est-sud-est avec des
bandes claires & obscures alternativement, mêlées de quelques
rayons plus vifs. La seconde fut
observée à Paris, environ à sept
heures & demie du soir, presque
directement au midi avec des
rayons & des jets de lumière blanchâtres, comme ils ont coutume de
paroître vers le nord ; mais elle se
joignit bientôt avec un phénomène
semblable & véritablement boréal,
par plusieurs bandes qui alloient du
midi au nord, où enfin il s'arrêta

______

(*a*) *Mém. de l'acad. des sciences*, ann.
1729. *pag.* 321.

à neuf heures & demie, & où il finit à dix heures. Cette observation prouve que la matière des aurores n'est pas tellement déterminée au nord qu'elle ne puisse se trouver dans une région opposée de l'air, où elle produit les mêmes apparences, dès qu'elle y trouve des dispositions favorables. Mais étant moins condensée au sud qu'au nord, elle y dure moins de tems; & comme elle commence à s'éteindre de ce côté, cet accident naturel lui donne l'apparence de se retirer au nord, où la lumière se soutient plus long-tems, parce que sa matière y trouve plus de résistance à se raréfier & à se dissiper dans un air plus épais & plus froid.

La troisième, toute méridionale, fut vue à Genève, en Provence & en Languedoc. Elle parut à Beziers trois quarts d'heure après le coucher du soleil. Elle commençoit au point du couchant, passoit du côté de l'occident par les dernières étoiles des poissons, s'élevoit vers le zénith jusqu'à l'œil du taureau, & se terminoit dans la constellation du lion. On voit qu'elle étoit toute au midi, plus remarquable & plus parfaite sur ce point que le grand cercle vertical dont nous avons parlé dans la description de l'aurore du 16 novembre 1729. Cette lumière formoit une zone d'environ dix degrés de largeur, & qui, dans sa plus grande hauteur, étoit à cinquante-deux degrés sur l'horison. Elle étoit fort rouge & n'effaçoit pas les étoiles qu'elle couvroit. Au-delà de cette zone rouge, il y avoit vers le midi une autre zone d'une lumière blanchâtre, presque contiguë à la première, du côté de l'orient, & qui s'en éloignoit en allant vers le méridien. Au-dessous de cette lumière blanche étoit un nuage obscur qui s'étendoit jusqu'à l'horison, tandis que le reste du ciel étoit fort serein. Tout ce phénomène avoit un petit mouvement du nord au sud.

Dans l'obfervation de ce phénomène, qui fut envoyée de Mont-
pellier à M. Cramer, profeffeur
de mathématiques à Genève, on
remarque que cette aurore boréale,
ou plutôt auftrale, étoit caractérifée
par un chevron couleur de feu,
dont les jambes s'appuyoient l'une
à-peu-près fur l'orient, & l'autre
fur l'occident. Le fommet dont
la rougeur étoit foible aboutiffoit
du côté du midi à environ douze
degrés du zénith. On voyoit à travers les étoiles de la première, feconde & peut-être de la troifième
grandeur. Ce qui prouve qu'il s'en
faut beaucoup que ces fubftances
lumineufes foient auffi élevées qu'il
plaît à quelques phyficiens de le
fuppofer. Car quelle que foit leur
tranfparence, fi elles étoient à la
hauteur de deux ou trois cens lieues,
il eft probable qu'elles intercepte-
roient l'éclat des corps céleftes,
quelque brillans qu'ils foient, à-
peu-près comme un voile tranfpa-
rent mis à peu de diftance des yeux

n'empêche pas de voir les objets qui font au-delà; s'il en eft éloigné il les cache entièrement. On peut dire à-peu-près la même chofe du verre le plus diaphane.

Le 6 mars on vit une aurore boréale tranquille dans les environs de Beziers, à fept heures du foir, le lever de la lune la fit difparoître; mais elle fe renouvella plus vivement à onze heures du foir.

Le neuf octobre de la même année M. Caffini & M. de Mairan en obfervèrent une, le premier en Picardie, le fecond à Breuillepont. Elle parut d'abord dans la forme des aurores boréales tranquilles, longue de neuf à dix degrés, & s'étendant horifontalement vers le midi. On commença de la voir à huit heures fept ou huit minutes: après elle s'ébrècha vers le milieu, & fe partagea en deux ovales lumineufes, inclinées à l'horifon, longues chacune de quinze à dix-huit degrés fur cinq à fix de largeur. Leur lumière s'affoiblit, la forme s'effaça, & un peu après neuf heures ces deux phénomènes ne subsistoient plus. Environ les onze heures M. de Mairan vit une aurore boréale foible à sa place or-dinaire.

On observa le même phéno-mène à Poitiers, depuis huit à neuf heures du soir, mais sous un autre apparence ; ce fut d'abord un demi-cercle renversé, le diamètre tourné en haut, parallèle à l'horison, & de plus de vingt degrés de lon-gueur, qui se partagea en deux autres moindres & contigus par leur diamètre, qui se touchoient & faisoient une même droite aussi parallèle à l'horison. Ces figures si régulières ne durèrent pas long-tems, elles se réunirent pour for-mer un plus grand cercle pres-que entier, mais très-mal terminé dans la portion qui lui manquoit : enfin tout se réduisit à une espèce de segment de cercle, qui finissoit par un trident, dont les dents étoient fort longues & bien séparées. Tout le phénomène avoit une très-grande blancheur & un mouvement fort lent. Ces apparences sont assez différentes des autres, pour annoncer un phénomène local (*a*).

Le 2 novembre 1730, on eut quelque soupçon de l'apparence prochaine d'une aurore boréale. M. de Mairan (page 109) dit qu'étant à la campagne à dix-sept lieues de Paris, il apperçut à neuf heures du soir une lueur dans le ciel, vers le nord-nord-ouest, qu'il soupçonna être le commencement d'une aurore boréale. Il la perdit de vue peu de tems après, à cause de quelques brouillards qui s'élevèrent de ce côté-là, mais à onze heures & demie la même clarté ayant reparu encore plus marquée, il ne douta pas que ce ne fût une aurore boréale, à la vérité fort imparfaite. On apprit depuis, par les transac-

------

(*a*) *Mém. de l'acad. des sciences*, ann. 1730.

tions philofophiques (n. 418.) que
ce météore avóit paru le même
jour à fix heures & demie du foir
dans la nouvelle Angleterre, à douze
ou treize cens lieues de France,
fous le quarante-deuxième degré
de latitude, avec tout l'éclat &
tout l'appareil des plus grandes aurores boréales. On peut juger par
ces obfervations comparées, que
des matières femblables fe peuvent
trouver raffemblées dans différentes
régions de l'air, où elles produifent les mêmes phénomènes. Elles
étoient fans doute moins abondantes dans l'atmofphère de la
France que dans celle de la nouvelle Angleterre, puifqu'elles ne
donnèrent à l'air qu'un éclat affez
lumineux pour fe faire remarquer :
car ce n'étoit affurément pas le reflet de la lumière du météore de
l'Amérique qui brilloit à l'endroit
de l'horifon où l'on voyoit en France
quelque clarté.

On ne fe fouvenoit pas d'avoir
vu autant de grandes aurores bo-

réales & en si peu de tems, qu'il
en parut dans l'automne de 1731.
Le 26 septembre il y en eut une
observée à la même heure, & au
même endroit, où avoit paru celle
du 26 septembre 1726. Elle ne fut
remarquable que par les jets de lumière qu'elle répandit dans le ciel,
elle n'avoit point de segment obscur; ce qui porte M. de Mairan à
conjecturer que lorsqu'on commença à l'appercevoir, toute la partie
antérieure du phénomène avoit été
déja consumée par un incendie,
dont les flammes avoient été inter-
ceptées par quelque cause étrangère
au phénomène. On la vit encore
le lendemain en divers endroits de
la France & de l'Allemagne, mais
plus foible que la veille. La même
matière continua de briller en l'air
le 28, le 29 & le 30 suivans, c'est-
à-dire qu'elle dura cinq nuits de
suite.

Celle du 2 octobre commença à
se montrer vers les dix heures du
soir, par une très-petite clarté qui

bordoit l'horifon au - deffous du quarré de la grande ourfe ; elle augmenta enfuite à vue d'œil avec une uniformité marquée, de manière que vers les onze heures & demie, fon arc pouvoit avoir vingt ou vingt-cinq degrés de hauteur, fur cent vingt ou cent vingt-cinq d'amplitude ; elle parut être quelque tems ftationaire dans cet état, ou même aller en diminuant. Mais à minuit & demi tout le phénomène reprenant de nouvelles forces, fit voir en moins de cinq à fix minutes un incendie prefque univerfel : les jets, les vibrations de lumière, les ondulations & les éclairs, fe fuccédoient & fe croifoient en divers fens, fans interruption. L'arc ou la lumière feptentrionale occupant plus de cent cinquante degrés fur l'horifon, montoit en s'étendant, parvint au zénith, & paffa bientôt au-delà : fes bords fe trouvoient par ce moyen vers le midi, mais interrompus, mal terminés, & entrelacés de flocons de matière blanchâtre. La lumière, ou plutôt les divers accidens du phénomène, passèrent ainsi successivement de l'étoile du nord, par la constellation de Cassiopée, jusqu'auprès des étoiles de la tête du Bélier. Le phénomène laissoit donc derrière lui le zénith & se portoit vers le sud, de sorte que pour en voir les jambes & l'amplitude, il falloit tourner le dos au septentrion.

La matière de ce météore étoit de la plus grande abondance. Il reparut le 4, le 5, le 7 & le 8 du même mois d'octobre, & le 23, le 24, le 25 & le 28 du même mois. Les aurores du 7, du 8, du 24 & du 25 furent d'autant plus remarquables qu'on put les voir & les observer, malgré les nuages & la pluie. Celles du 7 & du 8 ne furent pas même effacées par la lumière de la lune qui étoit sur l'horison, ayant accompli son premier quartier.

Nous nous arrêterons un moment

à parler de celle du sept, attendu
ses singularités. Le coucher du soleil fut ce jour-là accompagné de
plusieurs nuages qui le cachoient,
cependant il fut très-brillant, par
la variété, la vivacité & l'arrange-
ment des couleurs qui lui succé-
dèrent. Le ciel pendant tout le jour
avoit été fort couvert. La lune qui
avoit sept jours étoit sur l'horison,
& devoit y rester jusqu'à neuf heures vingt-cinq minutes, malgré cela
l'aurore boréale parut avant sept
heures & demie, & ne disconti-
nua pas de toute la nuit. Son plus
beau moment fut à onze heures &
demie, où la matière fumeuse
éclairée & les flocons blanchâtres
se répandirent par-tout le ciel visible, excepté une trentaine de degrés en amplitude & en hauteur
vers le midi; précisément comme
à l'aurore boréale du 19 octobre
1726. C'étoient aussi à-peu-près
les mêmes jets de lumière, les
mêmes vibrations, mais seulement
moins promptes & moins réglées.

La

La magnificence des couleurs étoit pour le moins aussi grande, la couleur de feu sur-tout y dominoit, & tapissa alternativement l'est & l'ouest. Il sembla quelquefois que la couronne alloit se former au zénith, mais elle n'y fut jamais achevée ni bien marquée. Depuis minuit & demi, la lumière du phénomène & tous les autres accidens diminuèrent, sans cesser entièrement, jusqu'au crépuscule du matin. Une chose assez remarquable, c'est qu'il y eut toujours deux gros nuages aux côtés de la lumière septentrionale, qui parurent quelquefois tenir de la matière du phénomène. Ils changèrent beaucoup de figure & de grosseur, mais peu de lieu & de consistance. Ils y étoient lorsque l'on commença à observer l'aurore boréale, & on les y voyoit encore à trois heures du matin, tout le reste du ciel étant alors clair & serein. L'aurore du lendemain fut assez semblable, excepté que la lune éclairoit davan-

Tome X.   **N**

tage, ayant un jour de plus, que le ciel étoit plus couvert de nuages, & qu'il tomba un peu de pluie de tems à autres (a).

On vit encore le 5 & le 18 décembre de cette même année, quelques apparences de ce météore assez bien caractérisées, pour que l'on ne pût pas s'y tromper.

La fréquence des aurores boréales pendant l'espace de tems que nous venons de parcourir, mit les observateurs à portée d'en étudier les causes, & de former des conjectures plus solides, sur la matière de ce météore & ses modifications différentes, que tout ce que l'on en avoit su jusqu'alors. On s'accoutuma à le voir avec la tranquillité nécessaire pour donner aux observations toute la certitude & la clarté dont elles sont susceptibles. Depuis 1716, ces phénomènes re-

____

(a) *Mém. de l'acad. des sciences*, année 1731. *pag.* 379 *& suiv.*

parurent si souvent, que l'on parvint à les prévoir assez sûrement
sur des indices très-légers. Les plus
marqués d'entr'eux & les plus com-
posés devinrent des modèles, auxquels on compara tous les autres.
Ces comparaisons persuadèrent
qu'ils étoient tous produits par les
mêmes matières & les mêmes causes. On vit que ces divers phénomènes, quoique différens les uns
des autres par le nombre des parties
qui les composoient, par leurs couleurs, & leur éclat, n'étoient effectivement que le même météore,
& que ce qui les faisoit paroître si
distingués entr'eux; c'est qu'en quelques endroits la matière manque;
soit qu'elle ne puisse s'y porter à
raison des obstacles qui se rencontrent dans l'air, soit qu'elle se
trouve en trop petite quantité pour
se répandre également par-tout,
ce qui occasionne la foiblesse des
couleurs & le peu d'intensité de l'incendie que l'on n'apperçoit point.
À ces causes qui subsistent dans la

région même de l'air où se forment
les aurores, on peut ajouter celles
qui dominent dans la région inférieure de l'atmosphère, telles que
des nuages répandus dans l'air, des
brouillards, & d'autres causes accidentelles qui ne permettent d'appercevoir que par intervalles ou
même qui obscurcissent tout-à-fait
l'éclat du phénomène qui se développe plus haut. La lumière de
la lune lorsqu'elle brille sans obstacle, diminue encore beaucoup ce
que les aurores ont de plus remarquable. On conçoit comment toutes
ces circonstances réunies ajoutent
ou diminuent aux effets de l'apparence du météore dont nous parlons.

Nous n'avons peut-être déja rapporté que trop d'observations sur
les phénomènes de ce genre : mais
comme ce n'est que par leur secours
que l'on peut déterminer les causes
de leur existence, & établir à ce
sujet une théorie conforme aux
procédés de la nature, il faut avoir

une idée juste de la variété de ces phénomènes, pour reconnoître le météore & le suivre dans les différentes formes dont il est susceptible.

§. XIV.

Aurores boréales observées de 1732 à 1770.

Les plus remarquables des aurores, celles qui servent en quelque manière de mesure pour estimer le degré de perfection où elles peuvent arriver, sont celles de 1621, de 1716, de 1726 & de 1731. Les observations faites au nord dans l'hiver de 1736 à 1737, dans ces régions où l'on à raison de croire que ce météore est habituel pendant les longues nuits qui y règnent, nous ont appris à connoître toutes les variations les plus remarquables qu'il peut avoir. Nous avons même eu en 1770 des aurores qui peuvent servir de modèle.

Il semble que les observations

faites pendant quinze années de suite sur ce météore aient satisfait la curiosité des physiciens; & qu'il n'y ait plus d'accidens singuliers à remarquer dans ses phénomènes. On en parle encore par l'habitude où l'on est de faire par-tout des observations météréologiques, mais ce n'est plus avec ce vif intérêt, que sembloit inspirer autrefois le desir de connoître les vraies causes & la matière des aurores boréales.

Nous donnerons cependant la suite des observations les plus remarquables qui aient été faites jusqu'à nos jours; elles nous prouveront que la reprise de 1716 se soutient encore, sans aucune interruption marquée, & que ce météore s'est reproduit pendant plus de cinquante années de suite.

En 1737, il y eut au commencement de juin une aurore boréale d'autant plus remarquable, qu'elle fut très-visible en Italie, avec ses principaux phénomènes. On l'observa à Padoue, à Verone, à Bo-

logne : elle avoit trois limbes à une
diſtance égale les uns des autres,
alternativement obſcurs & lumineux, outre les jets de feu qui ſe
portèrent très-haut ſur l'horiſon.

Depuis 1740 juſqu'à 1751, on
vit dans la ſuite de chacune de ces
onze années pluſieurs aurores boréales. Il y en eut vingt-une en
1741, & ce qui eſt à remarquer,
neuf dans le ſeul mois d'octobre.
C'eſt ſans doute d'une de celles-là
que parle Muſſenbroeck (§. 2492)
ſans en fixer la date, lorſqu'il dit :
« On vit en 1741 des jets opaques
» & noirs, qui s'élançoient d'une
» nuée noire à laquelle ils paroiſ-
» ſoient adhérens, & qui étoient
» auſſi proche les uns des autres
» que ſi la matière qui les formoit,
» eût été pouſſée à travers les dents
» d'un peigne : ces jets s'élevoient
» juſqu'au zénith : ils ſe diſſipèrent
» enſuite ſans former la moindre
» nuée : tout le reſte de l'étendue
» du ciel demeura très-ſerein. Cette
» matière lumineuſe qui s'échappe

» ainſi d'une nuée, en ſort avec
» une très-grande vîteſſe ».

C'eſt ce qui arrive dans la plûpart
des aurores boréales à rayons étin-
celans, & ce que j'ai obſervé quelquefois entr'autres le 2 ſeptembre
1769, en revenant de Bagneux à
Paris, entre huit & neuf heures du
ſoir. Les jets de feu blancs & rouges, s'élevoient d'une rapidité étonnante de la nuée obſcure, où étoit
le foyer de leur matière à ſoixante
degrés environ de hauteur ſur l'horiſon. Le phénomène ne dura guère
plus d'une demie heure, & étoit
totalement diſſipé à neuf heures:
mais l'air reſta fort lumineux tout
le reſte de la ſoirée, au point qu'il
étoit aiſé de s'appercevoir, même
dans les rues de Paris d'une lumière extraordinaire, que l'on ne
pouvoit pas attribuer à la lune, qui
n'étoit alors qu'à ſon troiſième jour.
La nuée obſcure étoit à l'oueſt-
nord-oueſt, fort noire au-dehors,
& lumineuſe en dedans, ainſi qu'on
s'en appercevoit à ſes bords qui reſ-

tèrent colorés jusqu'au moment où
se fit l'éruption des rayons lumineux qui caractérisèrent l'aurore.
Je remarquai encore que le nuage
obscur ne tenoit point à l'horison :
on voyoit distinctement au-dessous
une bande fort longue éclairée par
la lueur du crépuscule. Il y avoit
eu ce jour - là des brouillards le
matin. Le reste du jour le soleil
s'étoit montré dans une température belle & fort agréable pour la
saison. Le vent étoit au nord.

Au sujet des aurores boréales de
1741 & des années suivantes, on
trouve cette remarque dans les
mémoires de l'académie des sciences (*an.* 1743. *hist. pag.* 20.) « M.
» Maraldi n'a point parlé des au-
» rores boréales qui ont paru ici
» pendant trois années. Les princi-
» pales que nous y avons obser-
» vées, ont été en 1741 ; celle du
» 23 janvier, du 4, du 6 & du 21
» mars, du 7 avril, du 23 juillet,
» du 10, 13 & 20 août, du 2 & 8
» octobre. En 1742, celle du 30

N v

» août & du 7 septembre. En 1743,
» celle du 23 janvier, du 19 mars,
» du 2 septembre & du 25 octo-
» bre. Par tout ce que nous avons
» de mémoires sur ce phénomène,
» depuis quinze ou vingt siècles,
» quoique sous des noms & des
» idées fort différentes, on voit
» qu'il se montre par de grandes
» reprises de plusieurs années de
» suite, après quoi il cesse, ou n'est
» guère visible, durant plusieurs
» autres années, dont le nombre est
» aussi fort inégal. Les commence-
» mens de cette dernière reprise
» peuvent être placés vers les an-
» nées 1707, 1708 & 1709, pour
» la Suède, le Dannemarck & la
» Prusse; mais elle n'a été guère
» connue en France, en Angleterre
» & vers le milieu de l'Allemagne,
» qu'en 1716, à l'occasion de la
» grande aurore boréale du 17 mars
» qui fut vue dans toute l'Europe,
» depuis Lisbonne & Cadix, jus-
» qu'aux extrémités septentrionales
» de la Moscovie; c'est aussi de

» cette année que partent nos his-
» toires de l'académie, où il est
» fait mention de ce phénomène.
» Il semble que depuis quelques
» années, la reprise soit sur son
» déclin, tant pour la fréquence
» de l'apparition des aurores que
» pour leur éclat ».

Cette dernière conjecture n'a pas été juste, car les sept années qui suivirent eurent plusieurs aurores boréales. En 1750, M. Lomonosow en observa une en Russie, que l'on peut regarder comme principale, les rayons ou colonnes lumineuses, s'élevoient directement vers le zénith, & y arrivoient en grande partie. Leur lumière étoit blanche, rougeâtre ou couleur de sang, & lorsqu'elles s'avançoient davantage, ces couleurs en se confondant les unes dans les autres, changeoient de nuances, & offroient des variétés qui ressembloient aux couleurs de l'arc-en-ciel. Phénomènes qui caractérisent les véritables aurores boréales, & qu'il ne faut point

confondre avec une autre lumière
propre aux pays septentrionaux,
qui se fait voir dans les nuits d'été,
& qui n'a pour cause que le reflet
des neiges & des glaces, qui en
couvrent les terres ou en bordent
les mers. Le soleil s'abaisse si peu
au-dessous de l'horison de ces climats, que pendant le peu de tems
qu'il disparoît, l'horison reste toujours lumineux par la réflexion qui
se fait de ses rayons sur les neiges
& les glaces.

Par toutes les observations que
nous avons rapportées jusqu'à présent, il est aisé de voir que les
aurores boréales complettes sont
assez rares, ou plutôt que les dispositions de l'air ne sont pas souvent favorables, soit à leur formation, soit pour les observer. Car
cette multitude de météores in-
complets, & cependant lumineux,
prouvent que la matière des aurores existe souvent dans l'air où elle
se rassemble, mais où elle ne donne
pas de ces spectacles intéressans qui

réveillent l'attention des observateurs. Il s'en forme néanmoins de
tems en tems quelques - unes du
premier rang, sur-tout dans les
régions septentrionales de l'Europe.
Telle fut l'aurore observée à Upsal
le 4 février 1759, vers les cinq
heures du soir, par un beau clair
de lune, cette planette étant déja
dans son premier quartier. On y
vit une aurore boréale entièrement
semblable à celle que M. de Mairan observa à Brenillepont, quinze
ou seize lieues à l'occident de Paris, le 19 octobre 1726, & qu'il
qualifie d'aurore boréale complette.
La distance au zénith de la couronne qu'avoit l'aurore d'Upsal
varia beaucoup. D'abord elle en
parut peu éloignée, ensuite elle
s'en écarta jusqu'aux environs de
vingt degrés, enfin elle se porta
vers le sud-est à cinquante degrés
au-delà. Il partoit de cette couronne un nombre infini de rayons
dirigés vers l'horison; cependant
ils étoient en plus petit nombre

vers le sud-est, que dans toutes les
autres parties du ciel. Elle parut
d'abord d'une couleur rougeâtre
au levant & au couchant, ensuite
moins vive, & après fort affoiblie,
enfin elle s'évanouit entre sept &
huit heures. Mais à neuf heures
& quelques minutes, la matière
de ce phénomène parut mieux
rassemblée vers le pole, & form
un segment obscur avec quatre arc
lumineux, dont les trois intérieurs
étoient parallèles entr'eux, mais
non pas de la même courbure que
l'extérieure qui étoit élevé sur l'horison, aux environs de vingt degrés. Cependant la hauteur augmenta encore beaucoup, & le segment obscur parut s'enflammer en
plusieurs endroits. Le phénomène
dura jusqu'au milieu de la nuit,
en offrant aux yeux une variété
admirable de rayons & de colonnes
lumineuses qui tendoient au zénith, jusqu'à ce qu'enfin il tourna
de plus en plus vers le septentrion.
On vit cette même aurore à Berlin,

depuis six jusqu'à huit heures du soir.

Quatre jours après, le 8 du même mois de février, on observa de Paris une aurore boréale très-lumineuse. Elle commença à l'ouest, s'étendit au-delà du nord, occupant cent vingt à cent trente degrés. Ses jets de feu, tantôt plus, tantôt moins rouges, se terminoient au zénith ; elle n'avoit encore rien perdu de son éclat à onze heures du soir, mais le clair de la lune l'effaça. Il est difficile de croire que la même matière qui avoit servi à former l'aurore vue à Upsal, s'étendit assez loin pour venir donner le même spectacle à Paris, & presqu'aussi bien caractérisé. Il faut donc admettre une matière semblable répandue dans notre atmosphère, avec des dispositions de l'air propres à faciliter la production des mêmes phénomènes ; ce qui est très-probable, dans la saison où furent observés ceux dont nous venons de parler.

Soit que les dispositions de l'air

n'aient pas été favorables dans les années suivantes à la génération des aurores boréales, soit que la matière en ait été moins abondante dans les régions où elles avoient coutume de paroître ; on a peu d'observations sur ce météore, & si l'on vit quelques feux aériens, ils eurent si peu de ressemblance avec les aurores complettes, que l'on ne peut pas assurer qu'ils fussent de même espèce.

Le 23 mars 1763, on apperçut à l'occident de Lausane, une demie heure après le coucher du soleil, une lumière en forme de colonne verticale, qui, à la hauteur d'environ vingt degrés, se courboit de manière que sa partie supérieure faisoit avec l'horison un angle à-peu-près de trente-cinq degrés, & avec la partie inférieure un de cent vingt-cinq. Cette partie coudée n'avoit pas plus de trois degrés de longueur. Tout le phénomène avoit environ deux degrés de largeur, & se terminoit par l'un & l'autre bout en pointe. Sa couleur approchoit du jaune orangé, elle étoit plus foible aux deux bouts & aux bords. On distinguoit aisément les couleurs, malgré un nuage assez clair qui coupoit horisontalement la colonne lumineuse en deux endroits; elle suivoit constamment le mouvement du soleil. Le phénomène entier dura environ trente minutes, & avant que de disparoître, il devint d'un rouge fort clair *(a)*.

Il est difficile de décider si cette colonne lumineuse étoit formée par la véritable matière de l'aurore boréale. J'ai parlé dans le septième tome de cette histoire, (*disc.* 12.) d'un petit météore de cette espèce que j'observai immédiatement au coucher du soleil, le 19 décembre 1769, je n'y reconnus rien qui ressemblât à l'aurore boréale ou qui l'annonçât. Cependant à s'en rapporter au savant Mussenbroeck,

____

*(a) **Mém.** de l'acad. des sciences, année 1763.*

(*tom. 3. §. 2492.*) ces colonnes lumineuses font une des modifications de la matière de l'aurore boréale. Voici ce qu'il en dit......
« Il s'élève quelquefois d'une large
» ouverture de la nuée une colonne
» lumineuse, mais dont le mou-
» vement est lent & uniforme, qui
» devient plus large à mesure
» qu'elle avance, toutes ses par-
» ties se tenant liées les unes aux
» autres, & attachées au bord de
» la nuée sans se rompre, de sorte
» qu'elle reste dans cet état l'espace
» de dix ou vingt secondes & mê-
» me plus, car j'en ai vu qui du-
» roient quatre ou cinq minutes ;
» mais cela arrive plus rarement.
» Il est aussi assez rare de voir de
» ces colonnes dont la base la plus
» raréfiée soit attachée à la nuée,
» & qui aille en montant se ter-
» miner en pointe. J'en ai observé
» de cette espèce en Hollande ; on
» en a aussi vu dans l'Amérique
» septentrionale, & on leur donne
» le nom de pyramides. Il y a aussi

» des colonnes qui ne donnent plus
» de lumière, aussi-tôt qu'elles sont
» hors du bord de la nuée; mais
» elles commencent à luire dès
» qu'elles en font un peu éloignées.
» Ces colonnes-là ne tiennent point
» au bord de la nuée, mais elles
» paroissent être des productions
» de l'air serein. On remarque cer-
» taines colonnes qui se tiennent
» perpendiculairement au - dessus
» de l'horison; d'autres encore sont
» courbées, & forment une espèce
» d'arc : d'autres enfin paroissent
» être lancées hors du centre de la
» nuée. Elles sont de différentes
» longueurs, j'en ai observé de
» quatre à cinq degrés hors du bord
» de la nuée. Lorsqu'elles sont
» poussées avec beaucoup de rapi-
» dité, elles se rendent jusqu'au
» zénith du spectateur; & celles
» dont le mouvement est encore
» plus rapide, vont au-delà de ce
» zénith, & même jusqu'à l'hori-
» son méridional. Elles ne mon-
» tent pas toujours directement de

» la nuée vers le zénith, elles se
» portent aussi latéralement, sur-
» tout si la nuée lumineuse se trou-
» ve suspendue entre le septentrion
» & l'orient, ou l'occident ».

Nous remarquerons que ces petits phénomènes sont assez fréquens ; d'ordinaire ils sont peu
colorés & presque insensibles, quoiqu'ils répandent dans les nuits se-
reines une grande lumière, que
l'on attribue mal-à-propos à la clarté
des étoiles. Ces sortes de colonnes,
de bandes ou d'arcs se portent en
différentes directions : j'en ai vu
qui tenoient tout l'horison du midi
au nord ; d'autres du levant au
couchant. Il y a peu de nuits extraordinairement lumineuses, où
on ne reconnoisse en y faisant attention, la cause d'où part cette
lumière qui se présente à l'observateur sous la même forme que la
voie lactée : elle est produite par
une matière phosphorique & électrique & extraordinairement atténuée, qui se voit à différentes hau-

teurs dans l'atmosphère. Ces espèces
de colonnes se montrent de tems
en tems, & nous aurons dans la
suite d'autres observations à citer,
où on les regarde comme des aurores boréales imparfaites.

Le 5 décembre 1768, on vit à
Vienne en Autriche une aurore boréale qui dura depuis six heures
du soir jusqu'à neuf. Elle fut accompagnée de circonstances remarquables, suivant une expérience faite pendant ce tems sur la
boussole, l'aiguille perdit sa direction habituelle, en s'approchant
d'abord de deux degrés du point
oriental, & en rétrogradant ensuite de quatre degrés, de sorte
qu'elle se dérangea de deux degrés
vers le point oriental. On remarqua en même-tems que la machine
électrique avoit acquis un degré
de force considérable. Circonstance
très-propre à favoriser le sentiment
qui regarde la matière des aurores
boréales comme un fluide électrique, ou une matière phosphorique
très atténuée.

L'année suivante, les aurores
boréales se montrèrent plus fré-
quemment & dans les différentes
saisons de l'année. Au château de
Broglie en Normandie, le 24 février 1769, vers les neuf heures du
soir, on apperçut un météore sous
la forme d'une pyramide lumineuse de vingt ou trente toises de longueur qui éclaira tout le château
& ses environs. Le sommet de cette
lumière paroissoit perpendiculaire
au clocher de la paroisse, & sa
base qui n'avoit guère plus de trois
ou quatre toises de largeur, s'étendoit vers le nord : elle ne brilla
que pendant trois quarts d'heure,
& commença à se dissiper par sa
pointe orientale : sa base disparut
insensiblement, & le phénomène
fut suivi d'une petite aurore boréale.

A Courtalin, dans le Dunois,
en Beauce, le 26 du même mois,
il parut vers les huit heures & demie du soir, une lumière zodiacale très-distincte en forme de fu-

feau : elle occupa plus des deux tiers de l'horifon pendant environ trois quarts d'heure : on voyoit en même-tems quelque lueur d'une aurore boréale qui n'eut rien de remarquable & de décidé. Nous ne pûmes rien appercevoir de ce phénomène dans la Bourgogne feptentrionale, le vent étoit fud-ouest très-impétueux, le ciel couvert ; il tomboit de la neige & de la pluie alternativement ; température qui dura plufieurs jours de fuite.

Au fujet des deux aurores boréales imparfaites dont nous venons de parler, nous remarquerons qu'il eft un autre phénomène que M. de Mairan nomme anti - crépufcule, & que l'on confond avec de foibles aurores, ou avec les arcs lumineux, produits par la même matière phofphorique, & qui n'a rien de commun avec ces météores qu'une légère reffemblance.

On peut aifément remarquer le foir d'un beau jour, quelques minutes après le coucher du foleil, qu'à la partie du ciel oppofée, & immédiatement à l'horifon, il y a une efpèce de bande ou de fegment obfcur, bleuâtre & pourpré, furmonté d'un arc lumineux & coloré de blanc, d'orangé, enfin d'un rouge pâle, & quelquefois même de couleur de feu à fon bord fupérieur. Ces couleurs ne font jamais bien vives, ni bien décidées, mais plus ou moins noyées, fuivant le plus ou le moins de vapeurs qui fe trouvent à l'horifon. A mefure que le foleil s'abaiffe cet anti-crépufcule s'élève : l'arc lumineux fe fépare du fegment pourpré qui demeure d'un gris cendré : il monte toujours en s'affoibliffant quelquefois jufqu'au zénith, & enfin difparoît entièrement. Ce phénomène n'a rien de commun avec l'aurore boréale ; il eft dû, comme l'arcen-ciel, à la réflexion & à la réfraction des rayons de lumière, qui allant frapper les touches fupérieures de l'atmofphère, font renvoyés à nos yeux. Mais il y a

cette

cette différence que l'iris est produite par la réfraction & la réflexion des rayons solaires dans les
gouttes de pluie, au lieu que dans
l'anti-crépuscule, elles se font sur
des particules d'air. L'arc-en-ciel
est toujours fort bas, & l'anti-crépuscule fort haut : cependant il
n'est jamais aussi élevé que l'aurore
boréale (a).

Quelle que soit la nature de ce
phénomène & quelque nom qu'on
lui donne, il est difficile de ne pas
reconnoître parmi ses causes, une
matière fort analogue à celle de
l'aurore boréale, qui a un mouvement d'expansion à-peu-près semblable. On pourroit fort bien l'appeller une aurore tranquille, dans laquelle on ne voit rien de cette agitation tumultueuse qui lance rapidement sur l'horison, ces traits de feu
de différentes couleurs, qui carac-

____

(a) *Mém. de l'acad. des sciences, ann.*
1751. hist. pag. 40.

Tome X. O

térifent les véritables aurores boréales.

Ce qui fait que l'on obferve affez
fouvent pendant la nuit, que la
partie feptentrionale de l'hémifphère eft plus éclairée que la méridionale ; ce peut être, parce qu'en
été, lorfque le foleil eft au tropique du cancer, il éclaire pendant
une longue fuite de nuits, les régions feptentrionales tels que le
Groenland & l'Iflande, de manière
que le jour y eft conftamment plein.
Il eft donc très-naturel de penfer
que quelque portion de lumière
qui en eft réfléchie, communique
fes impreffions jufqu'à nous, en-
forte que notre atmofphère paroît
durant la nuit beaucoup plus éclairée du côté du nord, qu'elle ne
l'eft du côté du midi, fi l'air eft
favorablement difpofé à la propagation de cette lumière. Dans l'hiver les aurores boréales font d'un
fecours particulier aux Groenlandiens, aux Iflandois, aux Lapons
les plus feptentrionaux. Ce grand

météore sert dans les climats qu'ils
habitent, à dissiper l'obscurité de
ces longues nuits, qui sans ce bien-
fait de la nature les plongeroient
dans les ténèbres les plus épaisses.
Lorsque la lumière de ce météore
est telle par sa masse qu'elle étende
son effet au loin: sa splendeur peut
percer jusque dans nos climats : elle
produit alors ce cercle lumineux
qui se fait remarquer à l'horison
septentrional, que l'on prend avec
raison pour l'aurore boréale elle-
même, que nous n'appercevons
pas toutes les fois que cette lumière est plus foible, ou lorsque
notre atmosphère est trop condensée, pour que les rayons lumineux
puissent la traverser.

C'est donc à la clarté extrême
qui brille sur les terres Polaires,
que nous devons cette espèce de
lumière : nous ne voyons rien de
l'aurore boréale, mais dès que
l'hémisphère septentrional est plus
éclairé que le méridional pendant
l'hiver ; ce phénomène est une

preuve qu'elle brille de tout ſon éclat au-deſſus des terres Arctiques. Il n'eſt pas douteux que le même phénomène n'exiſte autour du pole antarctique, mais ſon éloignement nous prive de la poſſibilité même de nous en aſſurer. C'eſt aux habitans des pays ſitués au-delà de l'équateur à la même latitude que nous, à nous fournir des obſervations qui conſtatent la vérité de cette conjecture, & ſi le phénomène dont nous parlons eſt plus ſenſible pour eux qu'il ne l'eſt pour nous (a).

Revenons aux aurores boréales de 1769; outre celle que je vis naître, ſe développer & finir le 2 ſeptembre, ſur le chemin de Bagneux à Paris, & dont j'ai rendu compte plus haut; nous en eûmes une dans la Bourgogne ſeptentrio-

____

V. l'extrait du Gentleman, magaſin de Londres, dans le journal encyclopédique du 15 novembre 1768.

nale, le 26 du même mois, entre
sept & huit heures du soir. Sa lumière alternativement blanche &
rouge fut fort vive & s'étendit du
nord à l'ouest par petits nuages dé-
tachés qui s'enflammoient & répandoient leurs feux avec beaucoup de vivacité, dans une forme
fort irrégulière, tantôt à quelques
degrés au-delà du zénith en tirant
au sud, tantôt plus près de l'horison
entre le nord & l'ouest. Il n'y eut
aucune apparence de segment obscur : ce que je remarquai, c'est
qu'aux feux d'un rouge éclatant
succédoit quelque tems après, une
clarté vive & blanche. Le ciel se
couvrit ensuite, & cependant l'air
resta lumineux.

Le 25 octobre suivant, le vent
étant au nord-est, le ciel couvert
le matin de nuages noirs & épais,
à travers lesquels le soleil perça si
bien l'après midi qu'ils se dissipè-
rent entièrement; le ciel étant devenu tout-à-fait serein & l'air très-
froid, nous eûmes entre neuf &

dix heures du soir une grande aurore
boréale qui commença au nord &
déclina tout-à-fait à l'ouest. Les jets
de feu s'étendirent fort loin sur l'horison, & semblèrent enfin partir
de tous les côtés pour se rassembler
au zénith. On les voyoit se pénétrer, se diviser ensuite, & ramasser
à leur point de réunion une grande
quantité de matière phosphorique,
qui eut d'abord l'apparence d'une
petite nuée sombre & assez épaisse :
mais s'étant bientôt enflammée,
elle répandit une lumière beaucoup plus vive que celle que rendoient auparavant les colonnes séparées. Alors se forma cette coupole
obscure à son centre, qui a l'apparence de la plus grande profondeur,
& que la lumière vive des côtés
contribue à faire paroître encore
plus profonde. Après les premiers
momens de cet incendie éblouis-
sant, la matière parut se dissiper
du côté du midi, en se raréfiant
au point qu'à travers une espèce
de rideau d'un rouge qui s'affoi-

bliſſoit inſenſiblement, on voyoit
les étoiles teintes de la même couleur.

Le 26 & le 27 ſuivans, le vent
étant reſté toujours au nord, &
l'air très-froid, nous eûmes encore
des apparences de l'aurore boréale,
toujours à la même heure. Celle du
27 eut des rayons de feu très-mar-
qués. Le vent étoit alors eſt-ſud-
eſt, & l'air toujours très-froid. Ces
deux jours le phénomène diſparut
à dix heures environ. Le 25 il s'é-
toit ſoutenu juſqu'à onze, & je
remarquai pendant ces trois jours
qu'il étoit reſté dans l'air une matière lumineuſe, qui continuoit à
le rendre fort clair, quoique la
lune ne parût pas ſur l'horiſon,
étant alors du vingt-ſixième au
vingt-huitième jour.

Le 18 janvier 1770, il y eut
une des plus grandes aurores boréales dont on ait conſervé la mémoire; elle fut obſervée d'une extrémité de l'Europe à l'autre. Elle
parut à Vienne en Autriche, à

sept heures trois quarts du soir, & tout-à-coup elle remplit le ciel d'une lumière très-brillante. Elle se divisa en deux parties, dont la plus forte étoit au nord-ouest, & la plus foible au nord-est. L'espace du ciel qui étoit entre-deux, devenoit alternativement verdâtre & rougeâtre, principalement du côté du nord-uest. Cette matière lumineuse disparut un instant, & fut remplacée bientôt par une autre lumière blanche qui peu après devint rougeâtre, & se soutint dans cet état presque toute la nuit. Elle n'occupa au commencement que la moitié de l'horison, mais elle s'étendit ensuite dans presque tout le ciel visible, de sorte que la nuit fut aussi claire qu'elle l'est dans la pleine lune. A onze heures on vit au nord une ovale blanche formant une sorte d'arc, qui lançoit de toutes parts des rayons de la même couleur. Le vent nord-ouest étoit très-violent, & le thermomètre de Réaumur se trouvoit à trois degrés au - deſſous de zéro.

Le même météore obſervé à Debrezene, ville de la baſſe Hongrie, à dix-huit lieues environ au ſud de Vienne, préſente des phénomènes différens. L'aurore parut dès les ſept heures du ſoir, & commença par un endroit du ciel peu étendu au - deſſous de la grande ourſe, que l'on vit d'abord rougir. Bientôt après cette rougeur reſſembla à celle de la flamme ou du ſang, & ſe répandit tellement, qu'après huit heures, elle s'étendoit depuis la queue du lion juſqu'aux poiſſons, c'eſt-à-dire qu'elle occupoit un eſpace de cent ſoixante-cinq degrés à l'horiſon, d'où elle s'élevoit en forme preſque triangulaire au zénith à une hauteur de quatre-vingt-dix degrés; & quand on fixoit la vûe ſur quelque place plus rouge que le reſte, on étoit ſurpris de voir un moment après cette rougeur diſparoître. Ce qui prouve que, quoique le ciel pendant ces phénomènes paroiſſe teint d'une couleur uniforme, la matière lumineuse qui eſt dans un très-grand mouvement, produit par ſes vibrations des changemens continuels. On vit naître enſuite du milieu de l'horiſon, une colonne très-rouge, ſurmontée d'une colonne lumineuſe blanche dont l'apparence dura plus d'un quart d'heure ; phénomène très-rare, puiſque dans un très-grand nombre d'aurores boréales exactement obſervées, de pareilles colonnes n'ont jamais duré plus de quatre ou cinq minutes, ainſi que nous l'avons remarqué plus haut, d'après Muſſenbroek. Lorſque cette couleur rouge diſparut, ce fut pour faire place à une lumière blanche très-vive, ſemblable à celle qui annonce ordinairement les aurores boréales ou qui les indique. Après que cette lumière eut duré quelques minutes, elle ſe changea de nouveau en une couleur de flamme ou de ſang. Vers les huit heures on vit des colonnes aſſez reſſemblantes à des

bandes de toile blanche, s'élever
de l'horifon vers le zénith, à la
hauteur de plus de cinquante degrés. La largeur de ces colonnes
varioit, quelques-unes ne paroiffoient pas avoir plus de largeur
qu'un quart de pied, pendant que
d'autres égaloient celle de trois ou
quatre pieds. On n'en voyoit partir
aucune étincelle, & l'on n'entendoit aucun bruit. Tout le refte du
ciel où cette aurore boréale ne par-
venoit point étoit parfaitement ferein & fans nuages, à l'exception
d'une feule nuée d'un bleu foncé,
près de l'horifon, qui refta conftamment à la même place. Quoique l'efpace du ciel que cette aurore occupoit fût d'un rouge très-
vif, on voyoit cependant à travers
les étoiles de la troifième grandeur.
Après qu'elle fut diffipée, ce qui
arriva vers les deux heures du matin, il commença à neiger, & vers
les huit heures il gela affez fort
pour que le thermomètre defcen-
dît à fix degrés au-deffous de zéro.

O vj

Pendant la nuit le froid avoit été peu confidérable.

En Bourgogne, à la même latitude à-peu-près que la ville où l'obfervation que nous venons de rapporter fut faite, c'eft-à-dire au quarante-feptième degré trente-fix minutes, & environ au vingt-deuxième degré douze minutes de longitude ; le vent qui la veille avoit été indécis de l'oueft au nord, fe détermina le 18 au fud-oueft; l'air étoit affez pur & doux pour la faifon, & la terre couverte de neige : le foleil avoit paru tout le jour; peu avant fon coucher le ciel s'obfcurcit, les nuages s'étendirent, la neige commença de tomber à huit heures du foir & continua de même toute la nuit. Cependant malgré la neige & l'obfcurité, entre neuf & dix heures du foir, une lumière rouge extraordinaire, fe répandit dans l'air, les flocons de neige paroiffoient de couleur de feu, ce qui annonçoit une aurore boréale très-vive, de même que la

lumière dont brilloit l'horifon prefque de tous les côtés.

A Rome on obferva le même
phénomène, il s'étendoit du nord
à l'eft, fa couleur rougeâtre & très-
vive dura toute la nuit : il paroît
que ce fut pour cette ville une
aurore tranquille, comme la plus
grande partie de celles que l'on
obferve en Italie. A Gènes fes variations furent plus marquées, elles
parurent les mêmes qu'à Cadix,
à l'extrémité la plus méridionale
de l'Europe. L'aurore boréale s'y
montra au coucher du foleil, &
dura jufqu'à minuit. Elle paroiffoit
fous la forme de colonnes & de
gerbes d'un rouge éclatant, & s'é-
tendoit du nord-eft à l'oueft jufqu'à quatre-vingt degrés au-deffus
de l'horifon. L'air dans toute cette
partie du ciel, étoit tout en feu,
fans cependant effacer la clarté &
la fcintillation des étoiles. Les colonnes & les gerbes de feu fe dif-
fipoient par intervalles ; à mefure
que celles qui leurs fuccédoient s'é-

levoient, l'horifon devenoit auffi lumineux qu'il l'eft à l'aube du jour, lorfque le foleil eft prêt à fe lever. Cette blancheur éclatante étoit à dix heures du foir dans toute fa force & fa plus grande étendue ; elle fe diffipa infenfiblement, ainfi que le rouge dont elle étoit environnée.

J'ai rapporté de fuite les différentes obfervations de cette grande aurore, en commençant par les endroits les plus avancés au nord. Si le foyer du phénomène eût été de ce côté ; il eft probable qu'on auroit dû la voir à Vienne beaucoup plutôt qu'à Cadix : cependant elle fut obfervée dans cette dernière ville plus de deux heures avant qu'elle ne parût à Vienne ; ce qui femble annoncer qu'au moins dans cette circonftance la matière du phénomène étoit locale, & affez généralement difperfée dans toute l'atmofphère de l'Europe, où partout elle prit les mêmes modifications. Or cette matière étoit certainement les exhalaisons nitreuses qui devoient être très-abondantes, puisqu'une très-grande partie de l'Europe, sur-tout en Allemagne & en France, étoit alors couverte de neige, & que sans doute il y en avoit assez sur les montagnes d'Italie & d'Espagne pour fournir des exhalaisons qui modifiassent l'air d'une manière uniforme, & propre à donner lieu à l'existence du même météore, qui fut observé par-tout où le ciel étoit découvert, & sur l'apparence duquel on ne put pas se méprendre, même dans les régions où il neigeoit, par la lumière extraordinaire, & cette couleur de feu répandue dans l'air qui sembloit colorer la neige lorsqu'elle tomboit.

Il est rare de voir des météores aussi généralement répandus & avec des accidens aussi variés, vus en même-tems dans des endroits si éloignés & presque par-tout à une même hauteur sur l'horison. Ce météore singulier doit faire époque dans l'histoire des aurores boréales, & donner plus de vraisemblance à l'opinion de ceux qui prétendent que leur matière consiste principalement dans les émanations que la neige envoie dans l'atmosphère, dans ces substances nitreuses extrêmement atténuées, dont les effets sont si actifs sur les particules sulfureuses répandues dans l'air, où elles accélèrent le développement du phlogistique qui y est contenu, & qui n'est autre chose que le fluide électrique ou le feu subtil qui circule dans tous les corps, & dont la physique est parvenue de nos jours à démontrer l'existence.

Nous avons déjà parlé des aurores boréales du 31 août, & du 17 septembre 1770. La première observée en Normandie, la seconde en Bourgogne. (§. 9. & 11. de ce discours.)

§. XV.

Hauteur de l'Atmosphère, à laquelle paroissent les aurores boréales.

De toutes les observations que nous venons de rapporter, il résulte que l'aurore boréale se développe dans notre atmosphère. Tous ses phénomènes en sont la preuve. L'amas de sa matière commence à paroître sous la forme d'un nuage, qui d'abord ne présente rien de différent des autres. Ce que l'on y remarque de particulier, c'est que ce même nuage, alternativement obscur & lumineux, se tient quelquefois pendant plusieurs heures, quelquefois même pendant plusieurs jours de suite à la même hauteur, au-dessus de l'horison; dès-lors il se meut ainsi que notre atmosphère, & la terre elle-même autour de l'axe de notre globe; ce qui déja annonce assez clairement que le foyer des aurores n'a pas plus d'élévation que notre atmosphère. On a encore remarqué en différentes circonstances qu'une aurore boréale, quoique bien caractérisée, ne pouvoit pas être apperçue de deux endroits dont la distance n'étoit pas bien grande, quoique la température de l'air fût égale dans un grand espace connu, & que le ciel fût serein. Lorsqu'on commença à s'occuper de nouveau des aurores boréales, dans le nord de l'Europe, celles qui furent vues dans le Dannemarck & à Berlin, ne furent point apperçues à Breslau. Les observations faites en même-tems à Paris & à Toulouse, en 1730, nous apprennent que dans cette dernière ville on voyoit le météore au couchant d'été, tandis qu'il se montroit à Paris au levant d'été. C'étoit donc deux phénomènes différens formés par des matières rassemblées dans une partie de l'atmosphère peu éloignée de chacune de ces deux villes : car si ce météore eût été le même, on l'eût observé dans les deux endroits à la même position.

Le bruit que l'on entend sortir de quelques-uns des phénomènes de l'aurore boréale, prouve qu'elle n'est pas assez élevée au-dessus de l'horison pour être apperçue à un très-grand éloignement. Les pêcheurs de la baleine au Groenland, assurent que lorsque les colonnes ou verges lumineuses sortent du foyer de l'aurore ou du nuage enflammé, elles rendent un bruit sensible. Des observateurs très-exacts l'ont entendu de même en Suède (a). M. l'abbé Conti a parlé de même du bruit que rendoient à Londres les explosions de la matière lumineuse de la grande aurore de 1716. Si on ne l'entendit pas de même dans les autres endroits de l'Europe où elle fut ob-

(a) *Acta litteraria Suecia, an.* 1731.

servée, c'est que l'air y étoit différemment modifié, & qu'il pouvoit très-bien se faire que les phénomènes se formassent à différentes hauteurs. Les variétés que l'on observe dans les formes que prend ce météore, indiquent que dans les plus grandes aurores, telles que celles de 1716, 1726, & 1770, la matière qui sert à leur génération est répandue dans toute l'atmosphère, mais qu'elle y est différemment modifiée, & que ce ne sont pas les mêmes phénomènes que l'on voit au midi, au couchant & au nord de l'Europe; quoique par-tout ils soient produits par les mêmes causes, & qu'ils paroissent à une hauteur relative à chaque climat où on les observe.

On convient en général que l'on ignore l'extrême ténuité & la division à laquelle peuvent parvenir les substances bitumineuses, sulfureuses & nitreuses qui s'élèvent de la terre dans l'air, & à quelle hauteur elles peuvent être portées dans l'atmosphère : par conséquent l'aurore boréale pourra être plus élevée que la plupart des météores sans sortir de leur genre, & sans qu'il soit nécessaire de chercher ailleurs que dans les émanations de la terre, les matières dont elle est composée. Cela n'empêche pas que l'aurore boréale ne soit d'une espèce assez différente des météores ordinaires, du tonnerre, de l'éclair, des feux folets, de l'iris, des parélies & autres semblables, qui ne passent pas la hauteur des nuées, qui semblent même fixés à leur région la plus basse, sur-tout lorsque l'atmosphère chargée de toutes les exhalaisons & les vapeurs étrangères qui la condensent, cède au poids des nuées, qui en s'approchant de la terre, diminuent de beaucoup la portée de la région inférieure de l'air.

Il suffit donc de supposer aux matières qui entrent dans la composition de l'aurore boréale, un degré de raréfaction qui aille bien

au-delà de celle qu'exigent les météores ordinaires, pour la concevoir à son degré d'élévation. Les
observations les plus exactes nous
apprennent que bien que cette matière se porte à la région la plus
haute de l'atmosphère, cependant
les phénomènes n'en sont pas assez
élevés, pour qu'on puisse les appercevoir en même-tems à de très-
grandes distances. A en juger par
le bruit qui se fait dans l'air lorsqu'ils se développent, si cette matière étoit à une élévation de plus
de trente lieues, comme il a plu
à de très-habiles observateurs de le
supposer, pour maintenir leur sys-
tême, & laisser constamment la
matière des aurores au pole arctique : Quelle terrible détonation ne
devroit pas faire cette matière dans
son mouvement de vibration &
d'expansion en tout sens, pour que
l'impression de ce bruit, quelque
légère qu'on la puisse concevoir,
se portât à une distance de plus de
trois cens lieues. C'est ce qui ré-

pugne à toutes les expériences faites sur la propagation du son, & aux observations mêmes de l'aurore boréale faites dans les terres Arctiques & dans les régions les plus septentrionales de l'Europe, où le bruit que rendent les colonnes lumineuses en se développant, a toujours paru le même que celui qu'on a entendu en Angleterre, & dans d'autres parties de l'Europe encore plus méridionales. Cette indication seule semble fixer les aurores boréales à une hauteur à-peu-près égale, pour tous les lieux où on les observe; & le bruit qu'elles rendent en certaines régions qui n'est point sensible dans d'autres, vient de l'inégale densité qu'elles trouvent dans l'air où elles se développent.

Ne peut-on pas déterminer cette hauteur à-peu-près comme on détermine celle de l'arc-en-ciel; avec la différence que l'arc-en-ciel aboutit à la surface de la terre, & que l'aurore dont la matière est très-raréfiée se forme beaucoup plus haut dans l'atmofphère. Mais quelle que foit cette diftance, n'eft-elle pas certaine relativement à la raréfaction des fubftances qui entrent dans la compofition de ce météore brillant, & à la température de l'air où il paroît ?

La phyfique, comme toutes les autres connoiffances humaines, a fes préjugés qui l'embarraffent dans fa marche, & retardent fes progrès. Sur ce que l'on a vu affez conftamment les aurores paroître du côté du nord, & qu'elles font plus communes, plus complettes, plus brillantes dans les terres boréales que dans tout autre climat plus tempéré, on les a toutes fixées à une même latitude : on a prétendu qu'elles y naiffoient toutes, & que c'eft de-là que leur lumière fe répandoit dans le refte de l'atmofphère. Pour foutenir cette hypothèfe il fallut donner à l'atmofphère une hauteur démefurée de foixante-quinze, de cent cinquante lieues, même plus, & fe perfuader que les

vapeurs

vapeurs atténuées fe pouvoient
porter jufques-là. Cependant les
obfervations les plus exactes, faites
dans tous les climats du monde,
nous apprennent que les matières
que l'évaporation envoie dans l'air,
ne vont pas ordinairement à une
lieue de hauteur, c'eft-à-dire, à
deux mil cinq cens toifes ou
quinze mille pieds. On a reconnu
que dans certaines circonftances,
celles qui font extrêmement raréfiées peuvent s'élever à cinq mille
toifes ou deux lieues communes :
& fi on les imagine à une atté-
nuation extrême, on ne peut au
plus leur donner que le double
d'élévation, c'eft-à-dire, dix mille
toifes ou quatre lieues communes.
Encore, eft ce une fuppofition gratuite , puifque l'on n'a aucune
obfervation qui en affure la poffibilité. On préfume feulement que
les particules les plus élaftiques de
l'air, & les matières de l'évaporation les plus propres à s'y affimiler,
font capables d'une plus grande di-

Tome X. P

latation que celles qui forment les météores ordinaires, ſans pouvoir fixer quel peut être le dernier degré de leur progreſſion. C'eſt ce qui fait concevoir qu'il en eſt des aurores boréales comme des autres météores, qui peuvent ſe former à différens degrés de hauteur. Celle de 1716 vûe en Angleterre, dont les feux étoient d'un rouge ardent, étoit probablement à la moindre hauteur où elle puiſſe paroître. On doit ſuppoſer la même choſe de celle du 18 janvier 1770, vûe dans toute l'europe, à-peu-près à la même hauteur ſur l'horiſon, quoiqu'avec des accidens très-variés.

Ce qui peut mettre une différence entre les aurores boréales & les autres météores, c'eſt que les obſervations météréologiques faites depuis plus d'un ſiècle avec autant d'exactitude que de conſtance, en Allemagne, en Angleterre, en France & en Italie, ſe réduiſent toutes à-peu-près à une égale quantité de pluies, de tonnerres, d'arcs-en-ciel, difperfés tantôt dans une région, tantôt dans une autre ; les variations qui s'y trouvent font renfermées dans des bornes affez étroites, de forte que les changemens qui en réfultent pour le total de l'atmofphère, font prefqu'infenfibles ; ce qui manque dans un climat fe trouvant dans un autre. On pourroit dire feulement que les tremblemens de terre qui ont été fréquens depuis environ quinze ans, paroiffent y avoir caufé quelque dérangement ; ce qui femble confirmé par les déclinaifons de l'aiguille aimantée. Mais à cette caufe extraordinaire près, les réfultats de l'évaporation font les mêmes, & on peut les eftimer par leurs effets. Les neiges, les tonnerres, les éclairs, ont leurs faifons conftantes que nous avons affignées : la génération de ces météores répond par-tout à la température de l'air, & à la force de l'évaporation.

Il n'en eft pas de même des aurores boréales dont l'apparition eft fort incertaine, qui ſont long-tems ſans paroître, au moins dans nos climats, reviennent & ſe montrent, pendant pluſieurs années de ſuite, après quoi, leur matière s'épuiſant, elles diſparoiſſent pour un certain tems.

Un même principe peut-il produire tant d'uniformité d'une part, & tant de variété de l'autre? C'eſt une objection que fait M. de Mairan. Ce principe eſt l'évaporation, dont les ſuites ſont ſi variées, qu'il eſt impoſſible de les connoître toutes. Ce que nous ſavons, c'eſt que les météores ordinaires, ceux qui ſont les plus multipliés dans tous les climats, ſe forment à la hauteur des nuages, dans les matières qui les compoſent, ou même au-deſſous, tandis que les aurores boréales ſont beaucoup plus élevées quoique formées des mêmes ſubſtances. L'obſervation faite à Conſtantinople, en 1754, & que nous avons rapportée plus haut, & pluſieurs de celles qui l'ont ſui-

vie, ne laissent guère de doute à
ce sujet.

D'ailleurs les météores ordinaires
se forment & paroissent indifféremment à tous les points du cercle
horisontal; il n'en est pas de
même des aurores boréales, dont
le siège est constamment déterminé
vers le nord. Les vapeurs & les
exhalaisons qui en font la matière,
se rassemblent toujours vers ce côté
du globe; on ne les voit ailleurs
qu'accidentellement. L'arc lumineux & le segment obscur ne paroissent que du côté du pole; &
s'il arrive que des amas fortuits
des mêmes matières soient dis-
persés au gré des vents, tantôt
d'un côté, tantôt de l'autre; on
les voit presque toujours se rassembler au même point, par une
direction qui leur est naturelle.

N'est-ce point parce que les aurores sont tellement propres aux
terres polaires, que leur matière
tend toujours à s'y réunir, ou plutôt qu'elle y réside essentiellement:

de même que les tonnerres ne sont
en aucune région aussi communs,
que dans quelques pays voisins de
l'équateur, tels que les environs de
Quito, de Panama, Portobelo, &
du golfe de Darien. L'abondance
des souffres & des vapeurs aqueuses
produit ces météores destructeurs
dans l'atmosphère des contrées voisines de la ligne : tandis que ces
mêmes souffres plus subtilisés, &
combinés avec les nitres que rendent les exhalaisons des terres polaires, sont la matière constante
& inépuisable des aurores qui brillent habituellement dans l'air pendant les longues nuits de ces climats.
Il est cependant certain que les
exhalaisons inflammables abondent
plus sous la zone torride, que sous
les zones glaciales ; mais comme
elles y sont différemment modifiées, elles doivent produire d'autres
phénomènes. C'est ainsi que la nature par un art admirable, dont
le secret lui est réservé, varie ses
opérations, & donne dans les cli-

mats opposés , des spectacles si différens les uns des autres ; mais qui tous annoncent la gloire & la puissance de l'intelligence suprême, qui la dirige dans ses procédés.

Il est donc bien inutile d'aller chercher ailleurs que dans les suites de l'évaporation, la matière d'un phénomène , qui n'est distingué des autres météores ignées, que par la raréfaction extrême où elle est portée, & par des dispositions constantes de l'air à en occasionner la formation au nord , que l'on voit cependant dans d'autres régions fort éloignées, lorsque la température de l'air se trouve favorable à ses développemens.

Les plus savans observateurs de notre siècle, s'étant persuadés que les aurores étoient tellement fixées aux poles, qu'elles ne pouvoient pas se former ailleurs , & les plaçant à une hauteur extraordinaire , à laquelle les vapeurs & les exhalaisons de la terre ne peuvent parvenir, leurs ont cherché une autre matière, hors même de notre atmosphère.

Leur véritable cause selon M. de Mairan, est *la lumière zodiacale*. (a). Il donne ce nom à la clarté blanchâtre, souvent assez semblable à celle de la voie lactée, que l'on apperçoit dans le ciel, en certains tems de l'année, après le coucher du soleil, ou avant son lever, en forme de lance ou de pyramide, le long du zodiaque, où elle est toujours renfermée par sa pointe & par son axe, appuyée obliquement sur l'horison par sa base. Cette lumière n'est autre chose que l'atmosphère solaire, qu'un fluide ou une matière rare & ténue, lumineuse par elle-même, ou seulement éclairée par les rayons du soleil, laquelle environne le globe de cet astre, mais qui est plus abondante & plus étendue autour de son équateur que par-tout ailleurs. La lu-

---

(a) *Traité historique & physique de l'aurore boréale*, pag. 3.

mière zodiacale eſt plus ou moins viſible, ſelon que les circonſtances néceſſaires pour ſon apparition, ſont plus ou moins favorables, quand ces circonſtances manquent juſqu'à un certain point, elle ne paroît pas du tout.

Il eſt certain que l'atmoſphère du ſoleil vûe en qualité de lumière zodiacale, atteint quelquefois juſ-qu'à l'orbite terreſtre. C'eſt alors que la matière qui compoſe cette atmoſphère, venant à rencontrer les parties ſupérieures de notre air, en-deçà des limites, où la peſanteur univerſelle, quelle qu'en ſoit la cauſe, commence à agir avec plus de force vers le centre de la terre, que vers le ſoleil, tombe dans l'atmoſphère terreſtre, à plus ou moins de profondeur, ſelon que la peſanteur ſpécifique eſt plus ou moins grande, eu égard aux couches d'air qu'elle traverſe, ou qu'elle ſurnage. Et comme il n'y a point d'apparence que cette matière, ou cet air ſolaire, non plus que le

P v

nôtre, soit si parfaitement homogène, qu'il n'y ait aucune différence de figure, de grosseur, de
contexture dans les parties qui le
composent, il doit descendre plus
ou moins dans l'atmosphère terrestre, à raison du différent poids
de ses parties, & s'y assembler sur
des couches de différentes hauteurs.
Les couches les plus basses & le
plus près de nous, seront chargées
des parties les plus grossières & les
moins inflammables, & c'est delà
que résulteront ces brouillards épais,
mais d'ordinaire transparens, &
cette espèce de fumée qui accompagnent si souvent l'aurore boréale,
qui nous la cachent en partie, &
qui en sont presque toujours comme
les précurseurs; tantôt sous la forme
d'un segment de cercle qui borde
l'horison du côté du nord, tantôt
comme de simples nuages répandus
çà & là ou dans tout le ciel,
sombres, fumeux, par le côté qu'ils
tournent vers nous, mais blancs &
lumineux par leur côté supérieur.

Il y a donc au-deſſus de la matière obſcure & fumeuſe, une matière plus légère, plus inflammable, & actuellement enflammée, ſoit par elle-même, ſoit par ſa colliſion avec les particules de l'air, ou par la fermentation qu'y cauſe le mêlange de l'air, & cette matière auparavant le ſujet de la lumière zodiacale, deviendra en cet état le ſujet de ce que l'on appelle aujourd'hui la lumière boréale. Telle eſt l'expoſition nette & préciſe que nous donne le célèbre M. de Mairan du ſyſtème de la formation des aurores boréales.

Mais ne réſulte-t-il aucun inconvénient du mêlange des deux atmoſphères, pour expliquer la formation de ce météore ? Et même eſt-il poſſible de l'imaginer ? 1°. par rapport à la grande diſtance du ſoleil à la terre : 2°. par rapport à la confuſion qui en réſulteroit. Car enfin, qui dira, que le ſoleil étant reconnu d'une grandeur ſi conſidérable au-deſſus de celle de la terre, son atmosphère qui doit répondre à son volume immense, venant à se mêler avec la nôtre, elle n'y causera pas de proche en proche un changement total : surtout si ce mêlange vient à se faire lorsque le soleil est le plus près du globe terrestre, ne changeroit-il pas entiérement l'état connu de notre monde ? La moindre partie de l'atmosphère solaire venant à se confondre avec la nôtre, pourroit y occasionner un mouvement extraordinaire suivi d'un bouleversement universel, & peut-être y exciter une chaleur si grande, qu'il s'ensuivroit un embrasement général.

Chaque corps céleste a son atmosphère qui lui est propre, & qui ne se confond jamais avec l'atmosphère d'un autre corps : il paroît que c'est l'ordre général de la nature. Si on pouvoit reconnoître l'atmosphère de mercure, lors même qu'il est le plus près du soleil, on verroit qu'elle se conserve dans son entier, sans aucun mêlange avec celle du soleil. S'il y a quelque communication des uns aux autres, c'est par le moyen de ce fluide éthérée répandu partout, infenfible & invifible, mais dont l'action ne peut être révoquée en doute, qui fe montre fous différentes formes, avec des effets variés, toujours corrélatifs à la nature des fubftances avec lefquelles, & fur lefquelles il agit : n'eft-ce pas l'impulfion générale de cette modification la plus fubtile de l'élément, qui contient chaque corps célefte & fon atmofphère, dans l'efpace qui lui eft marqué ? Neft-ce pas la caufe la plus apparente de la pefanteur univerfelle ?

Il eft plus fimple, plus dans l'ordre de la nature, de trouver la matière des aurores boréales, dans la qualité des exhalaifons des terres au-deffus defquelles elles font le plus fréquentes ; d'en admettre quelques-unes de locales, c'eft-à-dire, en tirant du nord aux zones tempérées, parce que des caufes particulières & rares dans ces zones se rencontrent quelquefois, & produisent dans un endroit donné, les mêmes effets que dans les terres arctiques ; sans que pour cela le phénomène y ait sa cause fixée. Ce n'est que par intervalles que les aurores boréales paroissent dans nos climats, & il est très-vraisemblable, qu'elles sont habituelles au Groenland, à la Laponie, à la nouvelle Zemble, pendant leurs longs hivers. Aussi le centre de ce météore est-il toujours déterminé au nord, & il ne paroît pas être dans la nature de l'appercevoir dans une autre position, que dans un point répondant au pole.

Au lieu donc d'admettre cette matière solaire inconnue, dont les couches s'étendent dans notre atmosphère, à raison de leur pesanteur spécifique ; n'est-il pas plus naturel de reconnoître dans les différens phénomènes de l'aurore boréale, les divers degrés de raréfaction, auxquels sont portées les matières nitreufes & fulfureufes, que nous avons propofées comme les fubftances qui entrent dans la formation de ce météore. Parvenues à une certaine hauteur de l'atmofphère, elles fe raffemblent & forment le nuage obfcur, ou fe trouvant refferrées les unes contre les autres, elles fe heurtent réciproquement. Dans ce choc, les particules nitreufes agiffent fur les molécules fulfureufes, dans lefquelles eft renfermé le phlogiftique le plus fubtil, le vrai fluide électrique. Débarraffé des enveloppes qui faifoient obftacle à fon expanfion, il fe répand avec vivacité dans le haut de l'atmofphère, en fuivant les colonnes de matières qui font les plus propres à feconder fon action. Delà naiffent les jets de feu, les bandes lumineufes, teintes de diverfes couleurs, qui ne s'étendent qu'autant qu'elles trouvent des fubftances propres à les entretenir. Comme ce feu a un mouvement très-accéléré, & une

force très-active , il ne confume
pas dans l'inftant toutes les fubftances fur lefquelles il agit ; il en
entraîne une partie dans fon cours:
delà ces nuages légers , ces fumées
tranfparentes qui terminent les
rayons lumineux , & qui finiffent
par s'embrafer. Quand les rayons
partent de tous les points de l'horifon , & qu'ils s'élèvent jufqu'au
zénith , ils y forment ces nuages
d'abord obfcurs , enfuite très-écla-
tans , que les obfervateurs re-
préfentent comme une couronne
brillante , ou une coupole de feu
qui femble appuyée fur différentes
colonnes.

Ainfi toutes ces fubftances extraordinairement raréfiées, s'élèvent
plutôt que de s'abbaiffer. C'eft la
marche des corps les plus légers ,
de la modification la plus fubtile
de l'élément. Le feu tend toujours
en haut , jamais il ne fe porte en
bas. Par quel méchanifme extraordinaire , l'atmofphère folaire fi fubtile , pénétreroit - elle dans des

matières denses, dans un amas de vapeurs humides, telles que celles qui sont répandues dans notre atmosphère ?

Voilà ce que semblent nous apprendre les observations les plus exactes faites sur la génération des météores, & en particulier sur celle des aurores boréales. Les procédés de la chymie, dans la composition des phosphores, nous présentent de petits accidens, si analogues aux grands phénomènes de la nature, qu'ils semblent ne nous laisser aucun doute sur la qualité, & la modification des matières qui donnent l'existence aux phénomènes de l'aurore boréale ; nous avons même cru pouvoir les proposer comme un moyen de s'approcher de la connoissance de la vérité.

Mais à quelque perfection qu'ait été porté de nos jours l'art des expériences, nous ne devons pas nous flatter pour cela, que tous les mystères de la nature nous soient révélés. Pline l'avoit reconnu, &

nous devons à l'exemple de ce célèbre écrivain, être perfuadés que
nos connoiffances feront toujours
très-bornées, que la majefté de la
nature les couvrira encore long-
tems de fon éclat. (*a*) Les plus
fages des philofophes de nos jours
en conviennent, eux dont les re-
cherches font appuyées de tant
d'heureufes découvertes : ils font
perfuadés que la caufe primordiale
de la plupart des effets naturels,
eft cachée pour nous dans une obfcurité profonde, qu'il ne faut pas
efpérer de pénétrer.

(a) *Nec tamen, omnem experimentis af-
fequi naturam poffumus.* . . . . Plin. hift.
natur. lib. 18. cap. 16. . . . . Sénèque ne
parle pas avec moins de réferve, de ces
opérations fecrettes de la nature, dont
les caufes font comme renfermées dans un
fanctuaire impénétrable. . . *Illa arcana non
promifcue parent ; reducta & in interiore
facrario claufa funt.* . . . . Quæft. nat. lib.
7. cap. 3.

✳

§. XVI.

Réflexions sur l'atmosphère solaire.

Il est certain que le soleil a une atmosphère, à laquelle on donnera si l'on veut le nom de lumière zodiacale, & que cette atmosphère est d'autant plus lumineuse qu'elle environne le plus brillant de tous les corps : mais il est presqu'aussi certain que jamais cette atmosphère ne passe les bornes qui lui sont fixées par la nature. La mer, cette modification de l'élément, si dense, si pesante dans ses mouvemens les plus tumultueux, n'excède point le terme qui lui est prescrit. Le flot le plus terrible, vient se briser contre le grain de sable le plus léger. Il n'importe de quelle matière soit composée cette atmosphère, que ce soit une émanation du corps du soleil, une espèce d'effervescence ou de dépuration de ses parties les plus grossières, comme Descartes semble l'insinuer; ou qu'elle ne soit qu'un amas de parties hétérogènes répandues dans l'éther, qui se rassemblent de toutes parts, & qui tombent vers le soleil comme l'indique Newton : opinion assez vraisemblabe, parce qu'on peut trouver dans cette matière l'aliment qui sert à entretenir le feu du soleil. Ces idées peuvent au plus être regardées comme des probabilités; car ce qui se passe dans cette région est si fort au-dessus de la portée de nos connoissances, qu'il semble très-inutile de s'arrêter aux spéculations que l'on peut faire sur des objets si relevés.

L'idée de tirer la matière première des aurores boréales de l'atmosphère du soleil, si grande & si sublime au premier coup-d'œil, mieux examinée, ne paroît plus qu'une imagination gigantesque. Elle donne à l'atmosphère terrestre une hauteur indéfinie, & tellement étendue qu'elle n'est plus intelligible. Jusqu'au moment où naquit cette idée, on n'avoit pas seulement pensé qu'il y eût un commerce si immédiat entre la terre & le soleil par le moyen des deux atmosphères. Quelques conjectures que l'on forme à ce sujet, de quelques observations qu'on les appuie, difficilement en trouvera-t-on quelques-unes qui soient vraiment concluantes en faveur de l'assertion dont il s'agit.

Car il faut se défier des illusions de l'optique dans des objets que l'on apperçoit autant, par une imagination prévenue, que par le secours des sens aidés des meilleurs instrumens. Et comment les apperçoit-t-on encore, à travers mille difficultés, mille accidens, qui en rendent l'observation rare & difficile? Il suffit qu'un habile homme ait annoncé un phénomène nouveau, pour que sur sa seule réputation, plusieurs autres illustres veuillent courir la même carrière, joindre leurs observations aux fiennes , faire de nouvelles découvertes , & avancer plus loin. Pour cela il faut partir du même point, obferver ce qu'il a déja obfervé, ou au moins recevoir fes obfervations comme vraies. S'il s'eft fait illufion, fi fon imagination l'a entraîné trop loin dans fes defcriptions : fi d'après un nom nouveau donné à un phénomène ordinaire, on fonde un fyftême, que l'on préfente avec tout l'appareil capable de lui donner quelque importance ; quelle fource féconde en erreurs !

Si la prétendue lumière zodiacale, fi l'apparence de l'atmofphère folaire n'eft autre chofe que le crépufcule plus ou moins éclairé, auquel des accidens peu communs à notre atmofphère donnent une forme fingulière , & que l'on n'obferve pas ordinairement : que devient toute cette grande hypothèfe de la communication des deux atmofphères.

C'eft cependant à l'apparence d'un crépufcule plus ou moins brillant que vraisemblablement on doit rapporter tout le fond de cette idée. Car si la lumière zodiacale ou l'atmosphère solaire devoient être observés quelque part ; ce seroit dans la zone torride, dans les climats voisins de la ligne, où le peu de durée des crépuscules & la sérénité de l'air, pendant une partie considérable de l'année, donnent de grandes facilités pour ces sortes d'observations. Cependant les astronomes qui y allèrent en 1672, ne remarquèrent point ce phénomène nouveau. On voit par leurs observations, de même que par celles du P. Noël jésuite qui voyageoit dans les Indes orientales en 1684, très-près de l'équateur, par celles de M. de la Loubère qui étoit à Siam en 1687, par quelques observations faites à Pondichéri en 1690, qu'on vit à la suite du crépuscule, ou en même-tems des bandes de lumière un peu prolongées sur l'horison, par la disposition particulière des vapeurs, dont

étoit alors chargée l'atmosphère, &
qui étoient plus propres à tranf-
mettre la lumière & à la réfléchir,
qu'elles ne le font ordinairement;
phénomène affez commun, même
dans nos climats, & dont nous
avons rapporté plus d'un exemple,
tant dans la théorie générale de
l'air, que dans le difcours fur les
météores emphatiques.

C'eft cependant de là que l'on a
conclu que l'atmofphère du foleil
s'étendoit quelquefois jufqu'à notre
atmofphère, l'éclairoit, lui com-
muniquoit fa chaleur, fon mouvement, fes incendies, qui fans doute
cauferoient les plus grands ravages,
fi la denfité de la partie inférieure
de notre atmofphère, ne forçoit par
fon humidité & fa fraîcheur, la
partie vagabonde de l'atmofphère
folaire, à rentrer dans fes bornes
ordinaires. Voilà fans doute pourquoi on a fixé ces incurfions dans
la partie la plus feptentrionale du
globe, où elles ne peuvent que
piquer la curiofité, fans donner lieu
d'en

d'en craindre aucun danger. Il n'en eût pas été de même, si l'on eût placé ce phénomène à l'équateur ou entre les tropiques. L'atmosphère déja trop échauffée par les exhalaisons brûlantes qui s'élèvent de ces climats ardens, eût offert les dispositions les plus analogues à s'assimiler les émanations de l'atmosphère solaire, à se les associer : réunion qui n'eût pu causer qu'un embrasement général, dans ces régions déja desséchées par leur position, & la nature de leur sol.

Si on avoit les observations des philosophes qui jadis habitèrent les deserts de Lybie, peut-être en apprendroit-on que les sables brûlans de cette partie de l'Afrique, ont été rendus inhabitables, par une approximation trop fréquente & trop longue de l'atmosphère solaire, qui se fixa sur cette vaste étendue de terre aujourd'hui déserte, où elle dessécha tout, consuma tout, fleuves, forêts, productions de la

Tome X. Q

terre, villes & habitans, observateurs & observations.

Ne seroit-il pas plus naturel de concevoir que l'atmosphère lunaire peut se joindre à l'atmosphère terrestre : elles sont bien plus voisines l'une de l'autre. Mais comme la lune ne brille que d'un éclat emprunté , que son atmosphère ne peut avoir qu'une lueur foible , à l'aide de laquelle on peut tout au plus appercevoir une zone nébuleuse, humide & froide dont cette planette est environnée , & dès-lors peu propre à s'étendre & à produire aucun effet remarquable ; on n'a pas tenté de la tirer des bornes où la tiennent les loix de l'harmonie générale de l'univers. On admet en elle quelque force de pression & d'attraction ; mais aucune influence qui puisse engendrer ces phénomènes éclatans , dignes de donner l'origine à des observations hardies ou à de grands systêmes.

§. XVII.

Hauteur de l'atmosphère terrestre considérée relativement aux aurores boréales (a).

La hauteur étonnante que quelques physiciens modernes donnent à l'atmosphère terrestre, a été plutôt imaginée pour faire naître la plus grande idée de la vaste étendue de l'univers, & de la hardiesse de ses spéculateurs, que de la réalité des connoissances sur des objets aussi immenses ; ou de la sûreté des spéculations qui osent les embrasser. Un philosophe célèbre croit remarquer des phénomènes à plus de soixante & dix lieues d'élévation au-dessus de la surface de la terre ; & il ne parle de

______

(a) *V. le tome 2 de cette histoire, disc.* 2. §. 3. & ce que nous y avons établi sur la vraie hauteur de l'atmosphère terrestre.

fon obfervation que comme d'une conjecture plus hardie que folide ; il la propofe avec tous les ména- gemens capables de la faire paffer fans tache d'abfurdité. Un autre obfervateur, plus clairvoyant fans doute, donne à ces phénomènes plus de cent-foixante-dix lieues d'é- lévation. (*a*) On va plus loin, en comparant les obfervations en- tr'elles ; on a droit de placer les mêmes phénomènes à deux cent-

---

(*a*) M. de Mairan crut que l'aurore bo- réale du 14 février 1730, étoit à foi- -xante-dix lieues d'élévation. M. Cram- mer, profeffeur de mathématiques à Ge- nève, par de nouveaux calculs, la plaça au moins à cent foixante lieues. Ces dif- férens calculs fe prêtèrent mutuellement affez de force pour placer l'aurore du 8 octobre 1731, obfervée en même-tems à Copenhague & à Breuillepont, à dix-fept lieues de Paris, à plus de deux cent cinquante lieues de hauteur réelle ; encore paroît-il qu'on fe reftraignit à une hauteur moyenne, fans doute pour ne pas effrayer le com- mun des obfervateurs en lui donnant une élévation plus grande.

cinquante lieues au-deſſus de la ſu-
perficie du globe.

Plus on obſerve, plus les hauteurs
s'accroiſſent, & on n'attribue pas
moins de trois cents lieues d'élévation à certains météores brillans,
de l'eſpèce de celui dont nous parlons.

Il faut convenir que la marche
de certains génies, eſt auſſi rapide
qu'elle eſt hardie : on ne doit pas
s'en étonner, c'eſt l'imagination
qui en fait tous les frais. Ce n'eſt
pas que la foibleſſe de nos vues,
& les bornes de nos conjectures
doivent rétrécir les limites de l'u-
nivers : mais prendre pour meſure
de ſon étendue l'élévation de certains phénomènes, qui peuvent ſe
multiplier dans le même-tems &
la même direction, reſpectivement
à certaines poſitions : de tous ces
phénomènes réunis, n'en compoſer
qu'un ſeul & qu'on place décidé-
ment à une des extrémités du
monde, aſſez haut pour qu'il puiſſe
être obſervé des régions les plus

éloignées du pole ; tandis que les
observations les mieux faites, prouvent la multiplicité des phénomènes : c'est moins sublimité de
vues, ou sagacité d'observations,
qu'effets d'une imagination échauffée, qui veut trouver la raison de
ses belles & doctes chimères, dans
le système de l'univers, qu'elle bâtit
à son gré. Comment composer cette
hauteur prodigieuse de l'atmosphère ? de quelle matière la rem-
plir ? comment supposer assez de
ténuité, de raréfaction, de légèreté aux substances dont ces phénomènes si élevés doivent être
formés, pour qu'elles puissent se
soutenir à ce degré d'élévation,
s'étendre, souvent produire un
bruit sensible ? à moins que l'on
n'imagine encore qu'ils s'élèvent
& s'abaissent, respectivement à la
force de l'air qui les soutient.

Les plus hautes montagnes de
l'ancien continent, ont à peine une
lieue de hauteur perpendiculaire ;
les sommets les plus élevés de la

cordilière, ces pointes inabordables couvertes de glaces & de neiges perpétuelles , au-deſſus deſquelles s'élèvent encore d'autres rochers arides & toujours découverts, ne peuvent pas être ſuppoſés avoir plus de cinq milles toiſes d'éléva-tion, au-deſſus du niveau de la mer ; cependant , dès-lors l'air y a acquis une raréfaction ſi grande , qu'à peine eſt-il poſſible d'y reſpi-rer ; la plûpart des exhalaiſons & des vapeurs ne parviennent pas juſqu'à leur ſommet ; elles ſe raſ-ſemblent en nuages fort au-deſſous. Les nuées chargées de tonnerres, de pluies, de grêles & d'autres mé-téores communs, quittent les hau-teurs moyennes où elles ſe ſont for-mées, & s'abaiſſent encore avant que de ſe diſſoudre, & de retomber ſur les terres d'où leurs principes ſont ſortis.

Que l'on meſure la hauteur des nuages légers, qui dans les calmes profonds demeurent ſuſpendus dans le vague de l'air, où ils réfléchiſſent

une lumière douce, pendant le
jour, avant que de se dissiper en
parties insensibles, & qui dans
l'oscurité de la nuit deviennent souvent aussi lumineux que la prétendue
lumière zodiacale. On sait qu'on
ne peut pas estimer leur plus grande
élévation à une de nos lieues communes. Que font donc ces phénomènes comparés aux aurores boréales ou aux feux aëriens, que
l'on peut ranger dans leur classe?
A s'en tenir à quelques systêmes,
il faut effectivement admettre une
matière existante hors du globe
terrestre, propre à engendrer ce
météore si lumineux; & donner en
même-tems une hauteur ordinaire
de deux à trois cents lieues à l'atmosphère, puisque l'un ne peut
avoir d'effet sans l'autre. Mais la
connoissance du globe & de ses
qualités, de même que toutes les
observations les plus désintéressées
& les plus exactes, se refusent
également à ces suppositions.

Si ce n'étoient pas, dit-on, ces

effluences de l'atmosphère solaire
qui fuſſent la vraie matière des aurores boréales; ſi elles n'étoient
formées que des exhalaiſons ſulfureuſes qui s'élèvent dans l'air;
ces ſubſtances devroient être beaucoup plus abondantes dans la zone
torride, & dans les bandes de la
zone tempérée qui en approchent,
que dans les zones glaciales.

Il eſt conſtant que les matières
ſulfureuſes ſont en bien plus grande
quantité dans la zone torride, &
dans beaucoup d'autres climats tempérés, qu'aux terres arctiques : il
y en a plus dans la région des volcans, & tout le long des cordilières
que dans la Laponie, le Groenland
& le Spitzberg : mais elles n'y trouvent pas d'autres ſubſtances propres
à les mettre en action, & à faciliter
le développement du fluide électrique qu'elles contiennent. Les exhalaiſons nitreuſes qui ſortent des neiges & des glaces des régions polaires,
ou manquent abſolument dans la
zone torride, ou n'y ont aucune

activité, pour être trop atténuées, ou
c'est la qualité de l'air qui n'est pas
propre à les condenser & à les modifier, comme dans les zones glaciales, ou les terres voisines.

Lorsque nous avons des phénomènes semblables aux aurores boréales du nord, dans quelques
parties de notre zone tempérée,
que l'on fasse attention qu'ils se
forment dans une température qui
approche de celle des terres boréales, & dans des régions de l'air
assez élevées pour qu'ils y trouvent
la facilité de se développer.

Dans différentes saisons de l'année, on voit des aurores boréales
indécises, dont la matière est presque également répandue tout autour de l'horison, quelquefois vers
le couchant, ou même vers le midi
plus qu'ailleurs. On en vit une le
9 janvier 1730, à dix heures du
soir, qui s'étendoit précisément à
l'est-sud-est, avec des bandes claires
& obscures & quelques rayons. Le
15 février de la même année,

il en parut une à Genêve, en Provence, & en Languedoc qui étoit
remarquable par une zone lumineuſe & mouvante couchée le long
du zodiaque. Elle étoit toute méridionale. J'en ai obſervé une le
18 avril 1767, qui s'étendoit
du midi au nord par le couchant;
le 17 novembre 1770, le ciel
ayant été pluvieux & obſcur pendant toute la journée, ſe découvrit
un peu à l'horiſon du couchant, la
lumière du crépuſcule fut très-vive;
on voyoit à l'horiſon, une petite
nuée noire à l'extérieur, teinte par
ſes bords d'un rouge ardent, dont
l'éclat ſe portoit aſſez haut, elle
devint environ une demie-heure
après tout-à-fait blanche & lumineuſe. Le vent qui étoit ſud-oueſt
augmenta, en amenant de nouveaux
nuages qui ſe diſſipèrent bientôt.
Le ciel parut ſerein, & on voyoit
du nord au midi une bande aſſez
large d'une matière fumeuſe, blanche & lumineuſe, qui avoit un
mouvement de vibration ſenſible,

Q vj

& le long de laquelle on remarquoit d'autres paquets ou petits nuages de la même matière inégalement dìſperſés, & ſi brillans qu'ils reſſembloient à des amas de petites étoiles, dont la ſcintillation pouvoit ſe remarquér : ce qui ne devoit être réellement qu'une matière électrique qui ſe développoit alors dans l'air, & qui le rendoit très-lumineux. Ces apparences durèrent depuis huit heures juſqu'à près de onze : le vent ayant alors redoublé, le ciel s'obſcurcit aſſez promptement, & il ſurvint de la pluie. Cette obſervation a été faite avec atention.

M. de Mairan parle encore d'un phénomène ſingulier du 4 février 1730. Il parut à ſept heures & demie du ſoir environ, preſque directement au midi, avec des rayons & des jets de lumière blanchâtre, comme il a coutume de paroître vers le nord, mais il ſe joignit bientôt avec un autre phénomène ſemblable & véritablement

boréal par plusieurs bandes qui alloient du midi au nord, où enfin
il s'arrêta à neuf heures & demie
& où il finit à dix heures. Toutes
ces observations rapprochées, ne
prouvent - elles pas que la matière
de l'aurore répandue dans l'air à différentes hauteurs, y trouve quelquefois à toutes les latitudes des
qualités propres à la modifier comme
dans le nord. Mais ces qualités y
étant très-variables, la matière se
dissipe, ou prend son cours du côté
des poles, pour s'y rassembler &
y produire des phénomènes plus
constans & plus durables, qui sont
propres à ces régions.

La preuve semble en être, que
quoique les montagnes du Pérou
ayent leurs glaces & leurs neiges
perpetuelles, comme celles du
Spitzberg & du Groenland, cependant il est très-rare qu'il s'y forme
des météores tels que les aurores
boréales : celle qui parut à Cusco
au douzième degré de latitude mé
ridionale, est regardée comme un

phénomène unique. D'où vient cette variété d'effets, de causes, qui semblent exister dans ces climats de même que dans le hord? si ce n'eft des qualités particulières de l'air, & des modifications qu'il donne aux fubftances difperfées dans fa maffe.

Les neiges ne peuvent fe conferver qu'à une certaine hauteur, comme nous l'avons prouvé par des obfervations fuivies de l'équateur au pole arctique. (a) Cette hauteur eft ce que l'on appelle la ligne du froid conftant. C'eft à peu de diftance de cette ligne que doivent paroître les aurores boréales ordinaires. C'eft à une élévation déterminée de l'atmofphère que les nitres agiffent fur les foufres exaltés répandus dans les bandes fupérieures, par la communication établie des unes aux autres, ainfi que

____

(a) *V. le tome* 7. *de cette hiftoire, pag.* 79. *& fuiv.*

nous l'avons exposé dans la théorie
générale de l'air. Au-delà de cette
élévation, l'air prodigieusement raréfié, ne présente plus aucune résistance aux matières de l'aurore qui
ne peuvent plus s'y réunir & y
former aucun phénomène visible.
C'est peut-être pourquoi les aurores
paroissent si rarement au-dessus de
cette longue chaîne de montagnes
de neiges & de glaces, qui s'étendent en tout sens dans l'intérieur des
Alpes, (*a*) & qui devroit les rendre

(*a*) Cet assemblage entier de monts,
de vallées, de champs de glace & de neige, & d'amas de glaçons, étant mesuré
en ligne droite, occupe environ soixante-
six lieues du levant au couchant, depuis
les bornes occidentales du canton de Wal-
lis, vers la Savoie, jusqu'aux bornes
orientales du canton de Binder, vers le
Tirol, & forme sur toute la longueur de
la Suisse une chaîne interrompue en quelques endroits. Il en part différens bras
qui s'étendent du midi au nord, & dont
les plus longs occupent un espace d'environ trente-six lieues... *Hist. natur. des
glacières de Suisse, in-4°. Paris* 1770.

plus communes en Italie qu'elles
ne le font; ou même le peu qu'on
y obferve de ces phénomènes font
ordinairement tranquilles, fans
rien avoir de cette vivacité de
mouvemens, de cette variété de
formes qui rendent les aurores polaires fi admirables.

§. XVIII.

*Pofition des aurores. Tems
auquel elles fe forment. Ordre obfervé dans l'apparence
de leurs phénomènes.*

L'aurore boréale, quoique prefque toujours placée du côté du
nord, n'y eft pas fixée de façon que
fon milieu réponde exactement au-
deffous du pole. Plus rarement encore, ce milieu fe trouve-t-il du
côté de l'orient. Le phénomène, à
en prendre toute la maffe, décline
quelquefois de quinze à vingt de-

grés, ou au moins de moitié vers le couchant, sur-tout lorsqu'il commence à se montrer : circonstance qui se fait remarquer dans les pays le plus septentrionaux de l'europe, comme dans ceux qui sont à une latitude beaucoup moins avancée.

Les premières apparences du phénomène se montrent communément, deux, trois ou quatre heures tout au plus, après le coucher du soleil, & souvent plutôt, ainsi qu'on l'a observé à la grande aurore du 18 janvier 1770, c'est-à-dire, qu'il arrive presque toujours le soir, & jamais, que l'on sache, le matin après minuit, lorsque les nuits sont un peu longues. Les grandes aurores boréales commencent ordinairement de bonne heure, peu de temps après la fin du crépuscule, & quelquefois auparavant. (*a*).

____

(*a*) *V. le traité historique & physique de l'aurore boréale*, sect. 3. chap. 3... M. de

» D'abord c'est une espèce de
» brouillard assez obscur que l'on
» apperçoit vers le septentrion,
» avec un peu plus de clarté vers
» l'ouest que dans le reste du ciel,
» c'est-à-dire, plus qu'il ne con-
» vient qu'il y en ait par rapport à
» l'heure du crépuscule, s'il paroît
» encore sur l'horison. Le brouil-
» lard septentrional se range com-
» munément sous la forme d'un seg-

Mairan, dont je suis ici l'exposé, n'a pas
fixé ce qu'il entend par ces expressions,
lorsque les nuits sont un peu longues. Ce
que je puis assurer c'est que la nuit du 24
au 25 septembre 1770, il y eut, environ
trois heures du matin, une aurore visible
en Bourgogne, dont la situation étoit entre l'est & le sud. Je ne vis que la fin
du phénomène, & le reste d'une lumière
vive répandu de ce côté. Mais sur le détail que l'on me fit d'une lumière ardente qui sortoit comme d'un gouffre obscur, à la place duquel il restoit alors un
nuage blanc & assez lumineux, je ne pus
méconnoître une aurore, malgré l'heure
& la situation singulière.

» ment de cercle étendu fur l'hori-
» fon, ou dont l'horifon fait la corde.
» La partie vifible de la circonfé-
» rence, fe trouve bientôt bordée
» d'une lumière blanchâtre, d'où
» réfulte un arc lumineux, ou plu-
» fieurs arcs concentriques, lorfque
» le premier eft bordé lui-même
» d'une partie de cette matière obf-
» cure de l'intérieur du fegment,
» & que celle-ci l'eft à fon tour
» d'une matière lumineufe, & ainfi
» de fuite jufqu'à deux ou trois. »

Ne peut-on pas conjecturer que la vue de ces cercles alternative-ment obfcurs & lumineux n'eft qu'un effet d'optique qui répond à la manière ou à la diftance de laquelle on apperçoit l'aurore, dont le plus grand effet eft au-deffus de l'atmofphère. Ainfi je conçois que la plus grande ou la moindre den-fité de l'air qui occupe la partie de l'atmofphère enfermée dans le fegment obfcur, fait appercevoir la partie lumineufe du phénomène à une plus grande, ou à une moindre hauteur, & que comme la qualité de l'air varie souvent à peu de dis-tance, il peut se former plusieurs cercles ou apparences concentriques, mais qui ne semblent tels, que parce qu'étant tous vûs du même point, on estime facilement à quelle dis-tance ils sont les uns des autres.

» Après cela viennent les jets &
» les rayons de lumière diversement
» colorés, qui partent de l'arc, ou
» plutôt du segment obscur & fu-
» meux, où il se fait presque tou-
» jours quelque brèche éclairée, de
» laquelle ces rayons paroissent sor-
» tir. On apperçoit alors, quand
» le phénomène augmente & qu'il
» doit se répandre au loin, un
» mouvement général, & une es-
» pèce de trouble dans toute sa
» masse, tant à cause des brèches
» fréquentes qui se forment & se
» détruisent successivement dans le
» segment obscur & dans l'arc, que
» par les vibrations de lumière &
» les éclairs qui viennent frapper
» de là par secousses, toutes les

» parties & tous les flocons de la
» même matière enflammée ou non
» enflammée qui se trouve dans
» l'hémisphère visible du ciel. «

» Ce n'est jamais qu'après cet in-
» cendie, & par une grande ex-
» tension de la matière boréale
» qu'on a vû la couronne au zénith ;
» ce point de réunion où tous les
» mouvemens d'alentour paroissent
» concourir, qui fait comme la
» clef de la voûte, ou comme
» quelques-uns l'ont exprimé, le
» sommet d'un pavillon ou d'une
» tente. C'est là le moment de la
» plus grande magnificence du phé-
» nomène, tant par la variété des
» objets, que par la beauté des cou-
» leurs, dont quelques-uns d'en-
» tr'eux se trouvent peints. «

Remarquons à ce sujet que ce
point de réunion, paroît être la
partie la plus haute de l'air, où
les matières enflammées puissent
arriver, ce qui prouve ce que nous
avons avancé au commencement de
ce discours sur leur formation, &

leur origine , & femble en exclure
la lumière zodiacale émanée de l'atmofphère du foleil , qui dans ce
mouvement de fermentation s'é-
tendroit bien davantage & devroit,
ce femble, fe réunir à fon principe,
en s'approchant de fa qualité, &
caufer un incendie qui occuperoit
toute l'étendue du ciel vifible, ou
au moins toute la route par laquelle on fuppofe que la lumière
zodiacale arrive de l'atmofphère
folaire à l'atmofphère terreftre ; ce
que l'on n'a cependant jamais obfervé.

  ,, Le phénomène n'a plus après
,, cela pour l'ordinaire qu'à dimi-
,, nuer , fe calmer & s'éteindre,
,, fouvent avec des reprifes qui re-
,, nouvellent tous les accidens les
,, plus remarquables du phéno-
,, mène , les jets de lumière, les
,, éclairs , la couronne même , &
,, les couleurs plus ou moins vives,
,, tantôt d'un côté du ciel, tantôt
,, de l'autre. Mais enfin le mou-
,, vement ceffe , la lumière fe rap-

» proche de plus en plus de l'ho-
» rifon, elle quitte les parties méri-
» dionales du ciel, celles de l'orient
» & de l'occident pour fe fixer au
» nord, qui en demeure feul chargé.
» Le fegment obfcur fe diffipe, il
» devient lumineux; c'eſt d'abord
» une clarté affez denfe près de
» l'horifon, plus rare à quelques
» degrés au-deffus, & qui fe perd
» infenfiblement dans le ciel: qui
» diminue quelquefois avec rapi-
» dité, & quelquefois avec lenteur,
» & qu'on voit enfin s'éteindre to-
» talement, fi elle ne fe joint au
» crépufcule du matin. C'eſt ainfi
» que finiffent la plupart des grandes
» aurores boréales, & il reſte du
» moins prefque toujours après elles
» une impreffion de clarté fur l'ho-
» rifon du côté du nord, qui n'eſt
» effacée que par les approches du
» jour. «

Cette explication exacte nous
conduit à obferver que le fegment
obfcur qui devient enfin lumineux,
& dont la clarté eſt plus denfe au-

près de l'horifon, que quelques degrés au-deſſus où elle eſt plus rare, eſt une nouvelle preuve de la condenſation que la fraîcheur & l'humidité de l'air opèrent ſur les matières nitreuſes & ſulfureuſes, & qu'il ne faut pas chercher ailleurs le principe des aurores boréales que dans la réunion de ces ſubſtances, dans laquelle on reconnoît toutes les loix des incendies ordinaires. C'eſt par la partie ſupérieure la moins condenſée, & où le mouvement eſt le plus vif, que l'incendie commence: c'eſt delà que les flammes ſe répandent dans l'air libre, & communiquent le mouvement & le feu aux différens amas de ces mêmes ſubſtances qui y ſont diſperſés. C'eſt ſi l'on veut une eſpèce de globe électrique auquel aboutiſſent pluſieurs conducteurs, qui portent les effets du mouvement d'origine auſſi loin qu'ils s'étendent. Plus ces matières ſont raréfiées, plus leur éclat eſt brillant, plus la propagation en eſt facile.

Les

Les parties obfcures, les fumées que
l'on apperçoit & qui varient le fpectacle, ne font autre chofe que les
vapeurs dans lefquelles les exhalaifons font enveloppées, qui de
même que les végétaux jettés au
feu fe confument en rendant beaucoup plus de fumée que de flamme.
Nous avons remarqué plus haut
qu'il fort une fumée toute femblable des phofphores artificiels les
plus parfaits lorfqu'ils font allumés.
Enfin le phénomène ceffe par degrés, il n'en refte plus qu'une lumière foible & blanchâtre, tant
que l'on y voit encore un refte de
foyer qui a pris la place du fegment obfcur, qui s'éteint lui-même,
ou dont la lumière apparente fe
confond avec le crépufcule du matin; comme dans les incendies ordinaires on voit les flammes s'abaif-
fer infenfiblement, & fe réunir
au point de leur centre, où il
n'y a plus qu'un amas de charbons,
dont l'atmofphère refte lumineufe,
tant que l'éclat fupérieur du jour

Tome X.   R

n'en dérobe pas la clarté, qui même diminue à mesure que le mouvement de la matière ardente se rallentit, jusqu'à ce qu'il cesse tout-à-fait.

N'avons-nous pas droit de dire aussi-bien que l'illustre académicien dont nous avons cité les propres expressions, que ces phénomènes & l'ordre dans lequel ils se manifestent & se succèdent, font une suite naturelle & bien aisée à reconnoître de la cause générale qui les produit, même à s'en tenir à l'hypothèse que nous avons proposée, & sans y faire entrer pour rien l'atmosphère solaire ?

» La matière boréale rassemblée » uniformement à même hauteur, » & à même latitude, produit né- » cessairement un limbe régulier, » ou une circonférence de cercle » parfait, ayant son centre sur l'axe » de la terre. « (*Ub. sup. sect.* 3. » *ch.* 4).

La raison en est que la matière de l'aurore appuyée sur la région

supérieure de l'atmosphère terrestre, qui comme toutes les autres atmosphères, suit la forme
du corps qu'elle enveloppe, prend
de même la forme sphérique, & si
quelquefois elle paroît prolongée
& devient *ovaliforme*, c'est qu'alors
le phénomène est, ou fort bas à
l'horison, ou qu'il est déterminé
à cette forme par les substances
étrangères qui se trouvent accidentellement dans l'air & lui font résistance, quoique presque toujours
il finisse par devenir sphérique.

Les jets de lumière, les rayons
& les colonnes qui varient les incendies des aurores boréales, sont
produits par les éruptions de la matière ardente, qui dans les mouvemens qu'elle reçoit de l'incendie,
tend à se porter de bas en haut,
à s'étendre dans l'air ou à suivre
les courans d'une matière homogène, inflammable, répandue aux
environs, très-disposée à s'allumer
par lesquels l'incendie se communique, & dont le volume &

la forme deviennent senfibles par
la flamme qu'ils produifent. Ces
rayons, bandes ou fufées s'étendent
en tout fens ; fi dans leur cours ils
paroiffent fe darder contre une partie plus obfcure & qui devient fu-
meufe, c'eft que la quantité des
vapeurs furpaffant celle des exhalaifons, celles-ci fe confument fans
s'enflammer, & raréfient les vapeurs
qui fe répandent dans l'air fous la
forme d'une fumée vifible, qui obfcurcit une partie du phénomène,
ce qui ne peut arriver fans une très-
grande fermentation, & l'action
d'un feu fort vif, quoique caché
à nos obfervations. La preuve en
eft que l'on voit le jet de flamme
interrompu par le nuage, reparoître
à l'autre extrémité & continuer la
bande lumineufe. Souvent même
ce nuage devient comme le centre
obfcur d'un foyer d'où partent plufieurs rayons lumineux qui s'étendent en tout fens du centre à la
circonférence. Cet accident eft un
des plus beaux du phénomène, en

ce qu'il forme un soleil nocturne
de peu de durée à la vérité, mais
dont l'éclat & le volume sont infiniment au-dessus de tout ce que
l'art peut exécuter.

Au reste ce spectacle si magnifique se soutient peu de tems dans
le même état; on voit ces rayons
naître insensiblement & se terminer de même: leur durée répond
toujours à la quantité de matière
dont ils sont formés: à mesure qu'ils
s'éteignent, la lumière de l'aurore
devient plus foible. Quelques minutes sont le terme de l'existence
la plus longue de ces incendies
aëriens; mais comme dans la même
aurore ils se renouvellent à la suite
les uns des autres, on les peut observer en les comparant, & en
juger d'autant plus sûrement qu'ils
ont tous une même matière, &
un même principe d'inflammation.

Les éclairs, les vibrations, les
ondulations lumineuses, le mouvement général sensible dans la
partie de l'atmosphère où la ma-

tière du phénomène est répandue, nous paroissent une autre preuve de la cause de sa formation, telle que nous l'avons assignée.

Les éclairs sont l'effet d'un incendie subit, qui part d'un centre, & qui se répand du côté où la matière sans mélange, & débarrassée de tout obstacle est susceptible d'une inflammation plus prompte. Leur éclat qui n'a que l'instant, est vif relativement à la quantité de la matière enflammée qui l'occasionne. Ces éclairs ne se remarquent pas dans toutes les aurores boréales, & toujours ils sortent d'un point obscur, de ces petits nuages fumeux répandus dans l'air, qui cachent une fermentation sourde, qui ne se manifeste que par ces phénomènes brillans. D'ordinaire on les voit partir des différens côtés du segment obscur, qui paroît servir de base à l'aurore boréale, peu après sa naissance, plutôt que lorsqu'elle est prête à finir; dans le tems que la matière fait effort pour se ré-

pandre dans l'air, & donner au
phénomène toute l'étendue qu'il
peut avoir.

C'eft alors que l'on apperçoit
d'une manière plus fenfible le
mouvement général de vibration
répandu dans toute la matière du
phénomène, tant obfcure que brillante. Il eft occafionné par le principe de fermentation plus actif encore, dans les parties obfcures que
dans les parties enflammées. C'eft
delà que le mouvemnt tire fon
origine, il eft réel & non pas apparent, car il eft à-peu-près uniforme par-tout. Ainfi on ne peut
pas en attribuer l'apparence aux
réfractions interrompues & chan-
gées par le mélange entrecoupé de
matières fumeufes & de flocons di-
verfement enflammés. Ces réfractions peuvent donner lieu à des
couleurs variées dans les teintes de
l'aurore, mais non pas à un mouvement de vibration fenfible.

Il ne reffemble en rien à la trépidation qu'on apperçoit dans l'air,

lorſque, pendant la grande chaleur du jour, on regarde horiſontalement la ſurface d'une campagne où le ſoleil darde ſes rayons. On y remarque, ſi l'air eſt agité, le mouvement d'un fluide qui ſuit la direction du vent avec une vîteſſe proportionnée à ſa force. Si l'air eſt tranquille, on y voit un mouvement léger de fluctuation, ſemblable à-peu-près à celui qui exiſte dans une grande étendue d'eau, qui dans le calme le plus entier a toujours un mouvement de bas en haut, d'où réſulte une ondulation qui n'eſt ſenſible que ſur les grandes ſurfaces, telles que celles des lacs & de la mer. Alors ſi les exhalaiſons s'élèvent en abondance, il ſe fait une réfraction viſible des rayons de la lumière qui donne lieu à cette zone qui termine l'horiſon, & que l'on voit teinte de différentes couleurs qui tiennent de celles de l'arc-en-ciel. Lorſque le cours du fluide eſt rapide, les couleurs ſont moins marquées, la réfraction eſt tout-à-fait

oblique, on apperçoit la naissance
des couleurs; mais la célérité du
mouvement ne leur permet pas de
se former.

C'est une observation aisée à faire,
& qui réussit, soit que l'air soit
serein & le soleil brillant, soit qu'il
soit obscur. Souvent dans cette der-
niere circonstance, le fluide n'en
paroît que plus épais, mais il n'est
pas lumineux, & sa teinte répond
à celle des nuages supérieurs : l'air
paroît alors sous la forme d'un
brouillard léger qui a un cours déterminé. J'ai souvent fait des observations de ce genre, dans les
plaines & sur les montagnes. Peut-
être ne seroit-il pas inutile de les
suivre avec plus d'attention : elles
pourroient conduire à connoître
d'avance les changemens qui doivent arriver dans la température,
& même à juger de qualités ac-
tuelles de l'air.

Dans les aurores boréales ces
mouvemens de vibrations & d'é-
ruptions multipliées, la plupart si

R v

promptes, sembleroient devoir être accompagnées de quelque bruit sensible, & même de détonation. Mais la hauteur où se forme le phénomène, la grande raréfaction de l'air où il se développe, ne permettent pas au son de parvenir jusqu'à nous, supposé qu'il en soit produit par ces mouvemens. D'ailleurs les nuages différens répandus dans le phénomène, ne paroissent pas opposer assez de résistance au principe de fermentation, & resserrer assez la matière pour la déterminer à des efforts capables de produire quelque détonation ; je ne dis pas violente, telle que celle du tonnerre, mais seulement assez forte pour que l'on puisse s'en appercevoir. Dans quelques aurores boréales dont la matière est peu élevée dans l'atmosphère, lorsque l'air où elles paroissent est épais, on entend un sifflement léger semblable à celui qui accompagne le cours de ces petits météores que l'on appelle étoiles tombantes,

lorsque l'on est près de l'endroit
où ils s'enflamment. Ce petit bruit
se fait entendre dans la plupart des
aurores du Groenland & même de
Suède, lorsque les jets de feu partent
du segment obscur. On put le
distinguer à Londres dans l'aurore
du 17 mars 1716; mais jamais
il n'y a eu de bruit plus fort ou
différent de celui que nous venons
d'indiquer. Ces murmures sourds
& retentissans que quelques observateurs ont prétendu entendre venoient sans doute de ceux qui
regardoient le phénomène à quelque distance les uns des autres, ou
qui en raisonnoient entr'eux, ou
de quelqu'autre cause étrangère. Ce
que l'illusion ou la superstition ont
cru y remarquer ne peut pas être
apporté en preuve. Ceux qui pré-
tendoient y voir des armées se
combattre réciproquement, des
chevaux, des hommes, pouvoient
bien y entendre aussi le fracas des
armes, le bruit des tambours &

R vj

des trompettes, & les cris des combattans.

§. XIX.

Comment se forment les couronnes ou coupoles dans les aurores.

La manière dont les rayons lumineux des grandes aurores boréales se terminent au zénith, présente un spectacle si beau, qu'on ne peut le voir sans étonnement. Cette voute éclatante, cette coupole enflammée, étoit pour les observateurs, même les plus éclairés, une merveille inconcevable, avant qu'on en eût expliqué la cause, après avoir suivi de près la marche de la nature dans la production de ce phénomène, & en avoir reconnu la véritable matière. Il paroît même que les anciens historiens se contentoient souvent d'en rapporter cette seule circonstance sans entrer dans d'autres détails.

» Cette tendance des différens » jets de la matière boréale au » même point en différens tems & » en différens lieux, fait bien voir » dit M. de Mairan (*sect. 3. ch. 7.*) » que la couronne des aurores est un » objet purement optique « : une simple apparence qui peut résulter d'un assemblage ou d'une distribution particulière des colonnes ou des raies enflammées qui s'élèvent de l'horison à un point vertical du ciel, relatif à l'œil du spectateur.

L'imagination semble alors travailler autant que le sens objectif, en ce que la première ramène tous les objets à un certain point, & les présente aux sens tels qu'elle les conçoit ; mais si uniformement, que les différentes idées qu'elle en donne, se rapprochent toutes de la même manière de voir. C'est ce que nous prouverons dans un moment, en citant les termes employés dans quelques-unes des relations les plus authentiques.

D'abord nous devons dire que l'œil ébloui par le spectacle éclatant d'une aurore boréale complette, cherchant à se fixer sur une partie dont il puisse saisir les beautés, se porte au centre où toutes les colonnes lumineuses viennent se réunir. Cet endroit est celui où la convexité apparente du ciel semble se terminer pour lui ; c'est le point de son zénith. Toutes les colonnes paroissent aboutir là, & s'y ranger circulairement ou à-peu-près. Le point de leur réunion est marqué par une espèce de profondeur, de sommet de pavillon, de couronne, de dôme, si l'on veut, d'autant plus marqué qu'il est plus obscur, parce que l'œil voulant pénétrer au-delà de la partie éclairée, n'y croit plus voir que l'étendue infinie qui est au-dessus de l'atmosphère, & qui ne pouvant pas être éclairée par les feux de l'aurore fait un contraste, au moyen duquel le phé-

nomène n'en est que plus remarquable.

Ces mêmes colonnes , dont la
réunion semble former la couronne,
vues en raccourci & par leurs extrémités verticales , deviendront plus
denses, plus éclatantes , parce que
leurs feux réunis se raniment les
uns les autres en se réfléchissant,
& ne paroissent plus former qu'une
masse ronde & concave , terminée
par un cercle obscur, qui est comme
la clef de la voûte sur laquelle tous
les rayons lumineux dont on la
compose viennent aboutir : tandis
que ces mêmes colonnes vûes par
le côté & en s'éloignant du zénith
à l'horison, paroissent plus séparées
entr'elles & sont moins lumineuses,
quoique l'imagination ne les emploie pas moins utilement pour
former cet admirable édifice aërien.

On conçoit encore comment il
peut arriver que cette couronne ne
soit pas exactement au zénith. S'il
se trouve un nuage fixe dans un

des points du phénomène géneral,
duquel partent différens rayons enflammés qui tendent également du
zénith à l'horifon : alors d'autres
nuages fupérieurs à la direction des
jets lumineux, peuvent produire
le même effet brillant d'optique.
Et quoique fuivant les obfervations
faites jufqu'à préfent, il ait paru
que cette partie du phénomène fe
portoit plutôt au fud, que fur aucun autre côté du ciel, il ne s'en-
fuit pas que ce foit fa détermina-
tion fixe & néceffaire; quoique l'on
doive regarder cette pofition comme
la plus naturelle, parce que la matière
inflammable étant moins denfe au
fud qu'au nord où elle fe raffemble,
fes effets les plus brillans fe feront
plutôt remarquer du côté où elle
eft plus raréfiée, & où elle s'allume
le plus aifément.

J'ai dit plus haut que ceux qui
ont fait mention de ce phénomène, en ont parlé prefque tous
dans des termes qui lui affignent
une même forme ; mais prenons

garde que chacun y voit la figure qui répond le mieux à sa façon de penser, & aux idées dominantes dans son siècle. Ainsi Grégoire de Tours parlant des signes qui dans son siècle parurent assez souvent au ciel du côté du septentrion, & des jets de lumière qui se répandoient dans l'air, dit qu'il y avoit au milieu un nuage fort lumineux, auquel tous ces rayons de feu alloient se réunir sous la forme d'une tente, dont les bandes se rétrécissant à mesure qu'elles s'élevoient au sommet, se rejoignoient pour former un capuchon. Le pieux historien des Francs, ne vit rien dans ce phénomène que ce que l'on y a remarqué depuis, mais son imagination ne lui fournit aucune idée de comparaison plus noble que celle d'un capuchon. (a)

(a) *Erat nubes in medio cœli splendida ad quam se hi radii colligebant, in modum tentorii, quod abimo ex amplioribus*

Dans les siècles de trouble & de désordre qui suivirent, ceux qui parlèrent des aurores boréales, ne considérèrent plus le point de réunion des jets de flammes, que comme un centre où se joignoient les pointes des lances de différentes troupes armées. Les colonnes leur parurent des épées flamboyantes : les nuages obscurs des groupes d'hommes, ou de monstres acharnés les uns contre les-autres. Les guerres fréquentes, les ravages qui les accompagnoient, dans ces tems de barbarie & d'ignorance, où la superstition étoit portée à son comble, ne présentèrent aux hommes, le phénomène de la nature le plus brillant & le plus curieux, que comme un objet de terreur qu'ils n'osoient envisager, & d'autant plus à craindre qu'il ne se montroit que dans le

---

inceptum fasciis, angustatis in altum, in unum cuculli caput sæpe colligitur. Greg. Tur. hist. lib. 8.

silence de la nuit, dont il ne faisoit qu'éclairer les ténèbres , sans en troubler la tranquillité. Il n'avoit point de suites funestes connues ; c'est pour cela que chacun en imaginoit à son gré. Un observateur curieux qui se fût avisé d'en étudier les causes, & qui n'eût rien vû que de naturel dans leurs effets, qui annoncent plutôt la puissance majestueuse du souverain législateur de la nature que sa colère, eût passé pour un blasphémateur impie : l'ignorance cruelle & barbare de ces tems superstitieux, l'eût peut-être fait regarder comme une victime, que l'on devoit immoler solemnellement, pour détourner les fléaux dont on étoit menacé.

Camdem (*Hist. d'Elisabeth. l. 2.*) raconte qu'au mois de novembre 1574, on vit des nuages fumans ramassés en rond, du septentrion au midi, que la nuit suivante le ciel parut tout en feu, les flammes s'élevant de l'horison au zénith & s'y réunissant ; il en parle comme d'un prodige effrayant. L'année sui-vante Cornélius Gemma trouva, dans un phénomène semblable la re-préfentation d'un cornet à jouer aux dez, qui fe formoit de la réunion de divers rayons lumineux au même point vertical, après avoir été agités de mouvemens vifs & précipités. Ce font ces mouvemens qui don-noient auffi l'idée de lances, d'é-pées flamboyantes, d'armées aux mains, de monftres qui s'entre-déchiroient, après avoir couru long-tems les uns contre les autres, dans les plaines du ciel. Le médecin de Louvain ne vit dans le cornet que l'inftrument fatal où les princes de l'europe, prefque tous armés les uns contre les autres, agitoient les deftinées de leurs malheureux fu-jets. Les troubles de l'europe, fur-tout de la France, de l'Angleterre & de l'Allemagne où on étoit le plus à portée de voir les aurores bo-réales, contribuèrent beaucoup à entretenir ces idées finiftres pen-dant tout le refte de ce fiècle.

Ces idées ne font pas encore totalement anéanties ; combien de
gens ne voient pas les aurores boréales, & les autres phénomènes
extraordinaires de ce genre fans
être faifis de la frayeur la plus vive.
On eft affuré que les comètes ont
un retour fixe, qu'elles ne peuvent
annoncer rien de funefte : cependant un grand nombre d'hommes,
& même des premiers d'entr'eux,
qui ont la vanité de croire que le
ciel doit s'occuper de leurs deftinées plus que de celles des autres,
ne les voient pas revenir fans trem-
bler. Tant il faut de tems à la raifon
aidée de la philofophie, pour éclairer du flambeau de la vérité les ténèbres de l'erreur, dans lefquelles
le commun des hommes femblé fe
plaire.

La phyfique qui prit une nouvelle exiftence au commencement
du dix-feptième fiècle, ne vit plus
dans les aurores boréales qu'un
phénomène dont les caufes étoient
naturelles. On commença à en don-

ner une explication relative à leurs apparences. Ainsi Gassendi dans la description de l'aurore boréale du 12 septembre 1621 : les observateurs de Berlin dans la description de celle du 6 mars 1707, n'y remarquèrent ni couronne ni dôme, quoique les colonnes blanches & lumineuses montassent de toutes parts de l'horison au zénith : elles ne trouvèrent pas sans doute de point central assez marqué, pour que leur réunion produisît cette partie si belle & si éclatante dans les aurores, que M. Halley remarqua en Angleterre dans celle du 17 mars 1716 ; qui parut avec éclat dans la grande aurore de 1726 : mais qui n'a jamais été vue dans nos climats sous un aspect aussi magnifique que dans la zone glaciale où M. de Maupertuis & les autres Académiciens associés à ses travaux, virent en Laponie, sous le cercle polaire, les aurores boréales dans toute leur perfection & leur étendue.

C'est d'après toutes ces defcriptions que l'on peut fe faire une idée
de la manière dont fe forment ces
coupoles aëriennes fi brillantes.
N'eft-il pas vraifemblable que les
colonnes lumineufes fe portant avec
rapidité de l'horifon au zénith,
chaffent devant elles des matières
homogènes, qui s'enflamment en
partie dans le mouvement précipité
que leur impriment les colonnes?
Ce qui n'en a pas été confumé dans
le trajet, fe réuniffant de divers
points de l'horifon à un même
centre vertical, ne forme plus qu'un
nuage de forme ronde, vû fous la
forme d'un capuchon, d'une calotte,
d'un dôme, qui s'enflammant enfuite, devient une coupole illumi-
née, une couronne éclatante, d'autant plus lumineufe, que la matière
étant plus condenfée, produit un
feu plus vif & plus ardent, que
n'avoit paru celui des rayons ten-
dans de l'horifon au zénith. Cette
conjecture eft d'autant plus plaufible, que lorfque les jets de feu

ne font entretenus que par une matière rare & très-atténuée, ils fe portent également de l'horifon au zénith, mais ils s'éteignent avant que de fe réunir, parce que la matière leur manque pour former un nouveau phénomène,

§. XX.

Couleurs des aurores boréales. Variations de l'état de leur matière. Etat du ciel & de l'air lorfqu'elles fe forment.

(a) » On peut réduire ces cou-
» leurs à deux claffes, favoir à
» celles qui viennent d'une lumière
» directe ou rompue, émanée de
» l'objet même ou filtrée à travers,
» & celles qui ne font vifibles que
» par le moyen d'une lumière ré-
» fléchie. «

(a) *Traité phyfique & hiftorique des aurores boréales*, fect. 3. ch. 9.

» Les

» Les premières consistent d'or-
» dinaire en un violet cendré &
» tirant sur l'ardoise, en une cou-
» leur blanche, tantôt un peu jau-
» nâtre, tantôt verdâtre dans le
» limbe lumineux, dans les brèches
» du segment obscur, à l'origine
» des jets de lumière, & en un blanc
» assez pur, dans la plupart de ces
» flocons cotoneux de matière qui
» se répand dans le ciel, pendant
» les grandes aurores boréales. »

» Les secondes qui sont d'ordi-
» naire celles qui s'étendent da-
» vantage, ne nous font guère voir
» à mon avis, qu'un peu de jaune,
» & une couleur de feu plus ou
» moins vif à droite & à gauche du
» segment de l'arc, souvent assez loin
» l'un de l'autre, sur la matière du
» phénomène qui les environne, à
» l'extrémité des jets de lumière, &
» par intervalles à quelques rayons
» de la couronne. A l'égard du rou-
» ge foncé, fouetté & tacheté de
» brun, que l'on voit sur quelques
» nuages qui accompagnent le phé-

Tome X. S

» nomène, & qui est si propre à
» nous rappeller l'idée de ces ter-
» ribles pluies de sang, dont les
» anciens naturalistes & les histo-
» riens font si prodigues; je juge
» qu'il nous est réfléchi, ou par un
» grand amas de la matière gros-
» sière du phénomène non enflam-
» mée, & tout-à-fait semblable à
» celle du segment obscur qui est
» vers le nord, ou par un véritable
» nuage «

» Ces deux effets différens que
» la même matière du phénomène
» pourroit produire pour la couleur,
» ne sont pas mal-aisés à compren-
» dre. Dans le cas du nuage appa-
» rent occidental, il n'y a rien d'é-
» clairé ni de lumineux derrière
» elle, elle ne fait que nous ré-
» fléchir la lumière dardée sur sa
» surface, à sa partie antérieure,
» ou tournée vers nous. Dans le
» cas du segment obscur au con-
» traire, elle se trouve interposée
» entre nous & le fort de l'incen-
» die qui se passe derrière. Elle

» n'est point du tout éclairée du
» côté qu'elle tourne vers nous,
» ou elle ne l'est que très-foible-
» ment, par quelque rayon échappé
» & doublement réfléchi, qui peut
» tout au plus y produire cette pe-
» tite nuance de violet que l'on y
» voit quelquefois «.

   » On peut trouver aussi beaucoup
» d'analogie entre la couleur de
» feu tantôt plus ou moins vif &
» quelquefois orangé qui fouette
» l'extrémité des jets de lumière,
» ou quelqu'autre partie du phé-
» nomène & le système de M. New-
» ton sur les couleurs. Selon lui le
» rouge est la couleur la moins ré-
» frangible, ou la plus inflexible,
» la plus forte & la plus capable de
» résister aux obstacles qui s'oppo-
» sent à la manifestation des cou-
» leurs pendant la nuit (a) ; & aux-
» quels les plus foibles doivent

____

(a) On en peut juger encore par la manière dont les rayons rouges affectent

» céder les premières. Car ce moins
» de réfrangibilité des globules de
» la lumière, qui excitent en nous
» la senfation du rouge, peut être
» expliquée par une plus grande
» force qu'ils ont en traverfant le
» milieu, & qu'ils confervent après
» l'avoir traverfé. Je conjecture de
» là que c'eft par une femblable
» méchanique, & par de fembla-
» bles rayons rompus, & enfuite
» réfléchis vers nous, que la cou-
» leur rouge eft après le blanc, la
» couleur ordinaire de la lumière,
» celle qui fe trouve le plus géné-
» ralement répandue fur les diver-
» fes parties de l'aurore boréale ».

Ajoutons encore que c'eft la couleur la plus apparente dans tous
les phénomènes de l'air, celle qui
fe maintient le plus long-tems dans
les crépufcules du foir & du ma-

---

l'organe de la vue; aucune couleur ne le
fatigue davantage, & ne lui imprime une
fenfation plus durable.

tin : il ne faut pour en être con-
vaincus , qu'obſerver les nuages
& les teintes dont ils ſont ſuſcep-
tibles, qui ſont beaucoup plus vives, lorſque l'air eſt chargé de vapeurs & d'exhalaiſons, & dans un
tems frais, que lorſqu'il eſt raréfé
fié par la chaleur. Il n'eſt pas néceſſaire de ſuppoſer que ces nuages,
vapeurs , exhalaiſons , & autres
matières réfractives, ſoient à une
très - grande hauteur dans l'air,
pour ſe teindre des couleurs de
l'aurore boréale. Ne les voit-on pas
tous les jours dans la région inférieure de l'atmoſphère, auſſi brillantes & auſſi vives qu'elles peuvent l'être dans la région la plus
élevée.

« La matière des aurores dans
» ſon propre ſiège , & indépen-
» damment de ſon mélange avec
» l'air de l'atmoſphère, ne doit
» pas être inaltérable, elle peut
» changer ſans doute intérieure-
» ment dans ſa contexture, comme
» elle change extérieurement dans

S iij

» son étendue, & se trouver par-là,
» tantôt plus, tantôt moins en état
» de recevoir de nouveaux change-
» mens, étant mêlée avec d'autres
» matières (a) ».

Cette théorie est d'une vérité sensible, tant qu'on regarde les exhalaisons & les vapeurs comme la matière des aurores. On sait qu'elles modifications elles peuvent prendre dans les météores ignées plus communs, & de là on se met à portée de conjecturer comment elles sont modifiées dans les diverses apparences qu'elles donnent aux aurores. Il peut se faire que les particules sulfureuses très-atténuées, qui renferment un fluide ignée fort actif, favorisent en s'atténuant davantage, l'inflammation générale, & deviennent tantôt comme autant de petits foyers qui embrasent tout ce qui les environne, & produisent cette multitude d'étincelles brillantes qui éclairent

---

(a) *Ubi sup. cap.* 10.

& colorent les aurores ; leur mélange
avec d'autres substances également
raréfiées telles que les nitres occa-
sionnant la diversité des couleurs :
tantôt réunies en grand nombre,
elles forment un incendie plus
considérable , elles dissipent ou
consument tout ce qu'elles rencontrent d'inflammable. Je dis qu'elles
dissipent , parce que ce qui ne peut
s'allumer s'exhale en fumée , d'où
naissent ces nuages fumeux , que
l'on remarque dans presque toutes
les grandes aurores.

Je conviens qu'en suivant l'hypothèse de M. de Mairan , on peut
regarder les causes des aurores &
leur existence , comme tout-à-fait
indépendantes , de ce qui se passe
dans la région ordinaire des météores. C'est sans doute ce qui l'a
porté à faire abstraction des différentes constitutions & températures de l'air qui pourroient aider ou
faire obstacle à la formation de ce
météore. Mais si les choses étoient
ainsi , sa génération & ses retours

ne feroient-ils pas plus réglés &
plus conftans? ne pourroit-on pas
prédire le retour des aurores boréales comme celui des comètes,
& ne les verroit-on pas certainement, & malgré tous les obftacles
que pourroit leur oppofer la température de l'air inférieur? Car il
feroit bien rare que l'atmofphère
fût affez nébuleufe, affez conftamment obfcurcie, pour que l'on n'en
apperçût rien : le phénomène per-
ceroit à travers les nuages les moins
denfes, ou au moins feroit vu par
les intervalles qu'ils laiffent entre
eux dans les tems même les plus
pluvieux.

Quant à fon apparition, dès que
l'on convient » qu'un ciel trop cou-
» vert & trop éclairé peuvent la
» cacher ou l'éteindre à nos yeux,
» & que toutes chofes d'ailleurs
» égales, les journées, les faifons,
» & les années où il aura fait un
» tems plus capable de produire un
» air plus ferein relativement au lieu
» de l'obfervation & au climat, fe-

» ront celles où le phénomène ſe
» ſera montré davantage. « *(a)* De
cet aveu, ne devons-nous pas conclure le rapport qui ſe trouve entre
la formation & l'apparition des aurores boréales & celles des autres
météores? Chacun d'eux a ſon lieu
déterminé: la poſition ordinaire des
aurores n'eſt point celle des pluies,
des tonnerres ou de la neige, mais
elle ne dépend pas moins du concours des cauſes naturelles qui contribuent à former les autres météores, & dont il ne faut pas chercher la matière ailleurs que dans
notre atmoſphère. Il n'eſt pas même
conſtant que les années où l'air eſt
le plus ſerein, ſoient celles où l'on
voit le plus d'aurores. Il y en a eu
pluſieurs en 1769 & en 1770, celle
du 18 janvier, ſi générale dans
toute l'Europe, parut à la ſuite
d'une ſorte d'intempérie, qui ſe
faiſoit ſentir depuis long-tems;
après des pluies & des neiges abon-

(a) Ubi ſup. ſect. 3. cap. 10.

S v

dantes qui devoient produire une forte évaporation.

Cependant affez communément, lorfqu'il fe forme des aurores, le ciel eft ferein par-tout, excepté du côté où eft la nuée qui lui fert de bafe, & où fe fait la plus grande fermentation. Il femble même dans ces circonftances, que tous les autres nuages répandus dans l'air, ou fe diffipent, ou viennent fe confondre dans la nuée principale. Alors elle a une force attractive déterminée par la raréfaction qui s'établit dans cette partie de l'air, où il fe forme divers courants qui y aboutiffent, & que fuivent les nuages les plus légers. Voilà ce que les obfervations nous apprennent. Il y a néanmoins des exceptions à faire, relativement à l'état des différentes bandes de l'atmofphère ; les plus baffes peuvent être chargées de nuages, tandis que les régions plus élevées font fereines, & donnent toute la facilité à la matière du phénomène de fe développer.

Muſſenbroeck (§. 2499) a vu des aurores boréales le 30 mars 1728, & le 23 décembre 1733, dans des tems d'orage, & lorſque les vents étoient de tourbillon, & ſouffloient de tous les côtés : mais ces ſortes de mouvemens ne ſe faiſoient ſentir que dans les bandes les plus baſſes de l'atmoſphère & fort près de la terre, le haut étoit tranquille.

Les vents ſont alors indifféremment doux ou forts, & la température qui précede l'apparition de ces feux aëriens, eſt auſſi tantôt chaude ou froide, tantôt humide ou ſéche : de ſorte que l'on ne peut prévoir par-là s'ils doivent paroître. Il en eſt de même de la diſpoſition de l'air qui ſuit l'apparition des aurores qui n'a rien de fixé : ainſi on ne peut en former aucun préſage ſur l'état futur des ſaiſons, non plus que ſur la ſalubrité de la température & la fertilité des récoltes. Si l'on pouvoit en tirer quelque indice, ce ſeroit d'un hiver plutôt humide & tempéré, que froid & ſec,

La matière ignée des aurores répandue dans la région inférieure de l'atmosphère, peut y établir une disposition qui favorise l'évaporation, & en tienne les matières dans un état prochain de dissolution, qui, eu égard au peu de force des rayons du soleil dans cette saison, entretient la région inférieure de l'air dans une densité propre à produire les pluies. Au reste rien n'est plus incertain que ces sortes de conjectures, parce qu'il faudroit que les aurores déterminassent la direction des vents, ce que l'on n'a pas encore observé.

On peut cependant se faire une idée assez juste de la disposition de l'air & de la température habituelles, propres à faciliter la réunion des matières nécessaires à la génération des aurores : l'Amérique, par exemple, étant un pays plus froid, plus humide en général, où l'évaporation est plus abondante que dans notre continent, on y verra des aurores à une latitude

moindre de plusieurs degrés que
dans nos climats; elles y paroîtront
avec plus d'avantage ; tandis que
les mêmes causes auront des effets
si peu marqués pour nous , qu'à
peine on les soupçonnera. D'où cela vient-il , sinon que dans la région de notre atmosphère qui répond aux mêmes parallèles , il y a
moins d'exhalaisons, & que le phénomène n'y est qu'indécis ? C'est
pour quelque cause semblable que
l'on apperçut plusieurs aurores en
Italie depuis le 2 décembre 1722,
jusqu'au 4 février 1723, tandis que
l'on n'en vit que le trois janvier en
Angleterre & à Paris. Les dispositions de l'air étant alors à-peu-
près les mêmes dans ces différentes contrées , & le météore ayant
été plus remarquable & plus fréquent dans l'une que dans les autres , ne dut sa formation qu'à la
quantité plus grande des vapeurs
& des exhalaisons qui s'élevèrent en
Italie , ou même à l'action des
vents qui les accumulèrent autour

des sommets des Alpes, d'où elles se portèrent plus haut dans l'air. Car on n'observe guère d'aurores en Italie, que dans la plaine de Lombardie, à l'extrémité orientale, où elle est le plus large, & où l'horison a plus d'étendue, relativement aux Alpes qui la bordent au nord. Il est très-rare que l'on en apperçoive dans la partie méridionale, située entre la chaîne des Apennins & la mer.

La matière des aurores ainsi déterminée, & se trouvant nécessairement par-tout la même, ne faut-il pas convenir que les causes qui influent le plus sur la température de l'air, telles que les vents, le calme, le froid, le chaud, la sécheresse, l'humidité, contribuent autant à la formation des aurores boréales qu'à celle de tous les autres météores ? M. de Mairan paroît être de cet avis. « Que l'aurore » boréale, dit-il, (*sect. 3. ch. 8.*), » paroisse le plus souvent en un » tems sec, après un beau coucher

» du foleil, & par un vent qui an-
» nonce ou qui ramène la férénité
» dans l'air, il n'y a rien là d'ex-
» traordinaire ; c'eft ce qui doit ar-
» river, & il feroit inutile d'en re-
» chercher les raifons & les preu-
» ves. Mais que le phénomène fe
» montre en un tems fombre & hu-
» mide , après un coucher nébu-
» leux, par des vents qui ont cou-
» tume d'amener la pluie ou les
» nuages, & pendant la pluie mê-
» me , c'eft ce qui mérite quelque
» attention , parce que cela doit
» être plus rare. Nous en avons ce-
» pendant plus d'un exemple. Le
» mois d'octobre 1731 en fournit
» trois ou quatre , favoir ; le 7, le
» 8 , le 24 & le 25 , où il parut ,
» malgré tous ces obftacles, des au-
» rores boréales dont quelques-unes
» doivent être mifes au rang des
» plus grandes & des plus magni-
» fiques ». Nous avons cité plus
haut d'autres obfervations femblables.

L'attention que l'on doit faire

effectivement à ce phénomène eft,
qu'étant fixé à la région fupérieure
de l'atmofphère , il eft probable
qu'elle eft d'autant plus dégagée de
vapeurs & d'exhalaifons hétérogé-
nes , qui pourroient faire obftacle
à fa génération & à fon apparence,
que la région inférieure eft plus
chargée de nuages & de vapeurs,
qu'il y pleut ou qu'il y neige plus
abondamment; pourvu que les nuages & les vapeurs ne foient pas d'u-
ne denfité capable de dérober entièrement la vue du phénomène.
Car fi les nuages ne font que paffa-
gers , fi les brouillards ne font qu'à
une hauteur médiocre , alors le phénomène fupérieur , apperçu par ce
milieu , n'en paroît que plus brillant. Ainfi la flamme d'une torche
vue dans le brouillard , fe montre
avec un atmofphère plus large , &
einte d'un rouge plus foncé , que
fi on la voit dans un air ferein &
dégagé de toute vapeur. Il en eft
de même de tout autre feu apperçu de quelque diftance à travers le

brouillard, qui ne semble que plus rouge & plus éloigné.

Les rayons de la couleur rouge qui se trouve le plus généralement répandue sur les diverses parties de l'aurore boréale , étant les moins réfrangibles , ne paroissent que plus brillans, plus étendus, plus vifs , vus à travers un milieu qui sembleroit devoir les intercepter entièrement. Quelle doit être leur force pour pénétrer dans un nuage chargé d'une neige épaisse, dont ils rendent les flocons semblables à des étincelles ardentes? La matière de l'aurore semble alors être confondue avec la substance froide & glaciale dont la neige est formée, elle l'anime de ses feux, l'enveloppe de son éclat, & lui donne l'apparence d'un météore ignée , extraordinaire pour quelques instans. (a)

(a) Voyez dans le tom. 5. de cette hist. pag. 371. la description d'un nuage lumineux vu à Chatillon-sur-Seine , le

Dans ces sortes d'obfervations, il faut être en garde contre ce que l'imagination prête aux sens, & les illufions d'optique qui en font la fuite ; on connoît dans le phéno- mène des accidens brillans, qui ont déja été obfervés, ou que l'on fou- haite d'y retrouver encore : pour peu que la nature paroiffe fe por- ter à les reproduire, l'imagination devient bien active à fe repréfenter toutes les formes, & les variétés ca- pables d'appuyer un fyftême auquel on s'eft attaché.

§. XXI.

Diverfes fortes d'aurores bo- réales.

De toutes les obfervations que nous avons réunies dans ce dif-

---

10 mars 1695, d'où il fortoit des flo- cons de neige d'un rouge auffi vif que des étincelles ardentes.

cours, fur les aurores boréales, vues dans une fuite de plus de vingt fiècles : de la théorie que nous avons propofée fur la manière dont elles fe forment, fur la matière qui entre dans leur compofition, & fur la région de l'air qu'elles occupent, il réfulte qu'il y a diverfes fortes d'aurores boréales.

Les plus grandes font celles qui ont tous les phénomènes brillans, dont nous avons trouvé des exemples dans tous les fiècles, & qui fe rapportent toutes à l'exacte defcription que nous a donné M. de Maupertuis, de celles qu'il obferva à Tornéo, que l'on a vu quelquefois auffi brillantes & auffi bien compofées en France.

Celles que l'on a obfervées dans des climats plus tempérés, qui ont préfenté le même fpectacle, quoique les feux en paruffent moins vifs & moins ardens, doivent être mis au même rang. Celle du mois de janvier 1770, vue dans toute l'Europe, mérite cette diftinction ; de même que celle obſervée en Normandie au mois d'août ſuivant, où l'on vit la coupole lumineuſe ſe former au zénith, phenomène qui caractériſe les aurores boréales de la première claſſe. Toutes celles encore où l'on voit des mouvemens marqués dans les jets de lumière, où l'incendie ſe porte avec rapidité de toutes les parties de l'horiſon au zénith : celles enfin où l'on remarque ce déſordre tumultueux & inconſtant, ces feux répandus ſubitement de toutes parts, qui firent imaginer autrefois à ceux qui regardoient le phénomène comme l'annonce des malheurs à venir, des armées, des combats, des monſtres qui n'exiſtoient que dans les préjugés de ceux qui avoient la foibleſſe de s'occuper de ce phénomène pour s'en effrayer, ou dont quelques-uns ſe ſervoient pour porter dans l'eſprit des autres une terreur qui pouvoit leur être utile.

Il y en a d'une ſeconde eſpèce qui ne ſont formées que de différens jets de lumière réunis , & qui ont entr'eux un mouvement fenfi-ble de vibration , tel que celui de la flamme ordinaire. Ils ne paroiffent pas fortir d'un fegment ou nuage obfcur ; la partie de l'horifon où ils fe développent n'eft occupé que par un feu d'une étendue déterminée dont la place eft fixe , & qui dure autant que fa matière fuffit à l'entretenir.

Les aurores boréales de la troifième efpèce font plus tranquilles ; on n'y apperçoit que le fegment obfcur & l'arc lumineux qui l'environne : la lumière n'en eft pas d'un rouge ardent comme dans les précédentes , & elles peuvent fort bien n'être que l'extrémité d'un phénomène , qui , vu plus près du nord , auroit paru beaucoup plus confidérable : ou il fe peut faire encore qu'on ne les ait obfervées , qu'au tems où elles s'éteignoient : la lumière confervoit la forme qui caractérife les aurores, mais elle n'étoit pas plus éclatante que celle des crépufcules.

Cependant c'eſt ſous cette forme que l'on voit la plûpart des aurores qui paroiſſent dans les pays méridionaux : c'eſt ainſi qu'on les obſerve ordinairement à Bologne & dans toute la plaine de la Lombardie ; probablement elles ſe ſont formées dans l'atmoſphère de ces neiges éternelles , qui couvrent dans une très-grande étendue le ſommet des Alpes: on en a obſervé de ſemblables dans ce ſiècle , dans toutes les ſaiſons de l'année. Ne doivent-elles pas cette forme aux qualités particulières de l'air où on les voit briller ? à peine le trouvent-elles aſſez denſe à la hauteur où elles paroiſſent , pour être déſignées par le ſegment obſcur & l'arc lumineux ; les jets de feu qui en ſortiroient dans un air moins raréfié, ſe diſſipent d'une manière inſenſible , & leur diviſion ſert à répandre au loin une lumière douce, dont le contraſte ne ſert qu'à faire mieux remarquer le foyer de l'aurore. C'eſt principalement à cette cau

fe qu'il me paroît que l'on doit rapporter la forme ordinaire des aurores vues dans l'Italie feptentrionale, & que je regarde avec quelque raifon comme locales. Les Alpes font prodigieufement élevées
au-deffus du niveau des mers qui
en font les plus proches ; l'air y eft
plus pur & plus raréfié que dans aucune autre région de l'Europe. De-
là on peut fe faire une idée du degré de raréfaction où il doit être à
la hauteur où finit la lumière des
aurores : il eft au moins tel qu'il
exifte dans la machine du vuide
après que l'on en a tiré tout l'air le
plus groffier. On fait que la flamme
s'y éteint , & c'eft probablement
pour cette caufe que les aurores paroiffent fi tranquilles au-deffus des
Alpes.

Souvent encore la matière des
aurores répandue inégalement tout-
au-tour de l'horifon vifible, forme
cette efpèce de phénomène , que
l'on a appellé lumière horifontale :
ce qui fait conjecturer qu'elle a le

même principe que les aurores boréales, & qu'elle n'est que le même météore fort affoibli par la trop grande division de sa matière, qui paroit dispersée sur tout l'hémisphère, c'est que le tems ordinaire où elle paroît est après le solstice d'hiver, dans le plus grand froid de l'année ; saison où la température des zones, que nous habitons, ressemble beaucoup à celle des zones glaciales. On a donné à ce même phénomène le nom d'aurore boréale indécise, lorsqu'il est à peine visible, & qu'il ne répand qu'une foible lueur à l'horison, soit à raison du peu de matière, soit parce que son effet est arrêté par des causes étrangères au phénomène. Cependant les apparences locales, quelque legères qu'elles soient, peuvent annoncer un développement beaucoup plus considérable du même météore dans d'autres climats, sur-tout quand cette lueur paroît au nord.

Il y a des aurores irrégulières qui
paroissent

paroiffent à l'occident, au midi &
à l'orient. Elles trouvent dans les
qualités des exhalaifons, & les difpofitions de l'air, des caufes qui
déterminent leur formation, à tous
les points de l'horifon. Mais il eft
très-rare que l'on y remarque ces
jets vifs de flammes, ces bandes lumineufes & colorées qui caractéri-
fent les véritables aurores boréales;
elles ont rarement pour bafe le fegment obfcur, & prefque toujours
le phénomène finit par fe porter au
nord, & s'y termine fans qu'il en
refte aucune trace au midi, ou dans
les bandes voifines.

Les aurores boréales informes
font les plus communes; elles fe
manifeftent par une matière fu-
meufe & obfcure à fa partie inférieure, blanche & claire au-deffus
avec quelques teintes de rouge &
d'orangé qui terminent fouvent la
partie la plus lumineufe, vague-
ment répandue par pelotons dans
le ciel, & appuyée fur des nuages
d'une obfcurité tranchante. On a

apperçu quantité de ces nuages pendant le printems de 1767, sur-tout
au mois de mai. La température
étoit alors très-froide pour la saison, & les nuages n'étoient certainement pas à une grande élévation.
La lumière qu'ils répandoient, plus
vive dans quelques parties que dans
d'autres, sortoit de ces nuages &
se portoit dans le haut de l'air,
alors fort raréfié. La position de ces
phénomènes multipliés & leurs effets désignoient assez clairement
qu'ils devoient leur origine aux exhalaisons inflammables, rassemblées dans les vapeurs humides qui
composoient les nuages obscurs desquels la lumière s'échappoit.

M. Maraldi avoit observé à l'horison septentrional, le 16 septembre & le 23 novembre 1718, des
effets d'une lumière à-peu-près semblables, « il la vit entre deux lits
» ou couches de nuages, les uns
» supérieurs qui cachoient le ciel
» & qu'elle éclairoit, les autres in-
» férieurs qui la coupoient par le

» milieu. La matière qui forme le
» phénomène n'eſt donc pas ſi éle-
» vée dans l'atmoſphère, qu'il n'y
» ait des nuages encore plus élevés;
» & c'eſt-là une connoiſſance qui
» doit être importante pour l'expli-
» cation phyſique ». *(a)*

§. XXII.

Ordre dans lequel les aurores boréales peuvent être vues.

Il nous reſte à déterminer dans quel ordre l'aurore boréale doit être obſervée dans notre hémiſphère, du pole arctique juſqu'aux latitudes les moins avancées de la zone tempérée que nous habitons, où il arrive qu'il ſe forme quelquefois de ces météores.

1°. Il eſt très-vraiſemblable qu'elles ſont habituelles dans la zone glaciale entière, du cercle polaire

(a) Mém. de l'acad. des ſciences, ann. 1718. hiſt. pag. 1.

au pole, ce qui comprend la Laponie, la Norvege, les parties feptentrionales de la Suéde, & quelques provinces de la Ruffie les plus au nord. 2°. Le Dannemarck, l'Angleterre, l'Allemagne, la France, & les régions les plus feptentrionales de l'Efpagne & de l'Italie, jufqu'au quarantième degré environ. 3°. Les extrémités méridionales de l'Efpagne, de l'Italie & de la Grèce, & toute cette bande qui s'étend de Conftantinople à Cadix.

Les habitans de la première bande n'auront jamais dû être fort étonnés de l'apparition des aurores ; mais comme en général ils font plongés dans l'ignorance la plus craffe, & qu'au moins dans les fiècles paffés, il n'y avoit aucun obfervateur parmi eux, qui pût leur rendre raifon des caufes naturelles du phénomène ; lorfqu'il ceffoit pendant quelque tems, ils ne le voyoient pas reparoître de nouveau fans en être effayés. Cependant c'eft de ces triftes climats qu'est venue la vraie connoissance des aurores boréales, que l'on y avoit observées de tems immémorial.

La Peyrere, auteur de deux relations du Nord, composées à Copenhague, où il avoit accompagné M. de la Thuillerie, ambassadeur de France à la cour de Dannemarck, en 1644 & en 1646, rapporte tout ce qu'il avoit pu recueillir sur les aurores boréales qu'il ne connoissoit alors que sous le nom de lumière septentrionale. Il s'appuye sur-tout d'une chronique d'Islande, composée dès l'an 1215, par un habitant de cette isle. « L'été du Groenland, dit-il, » (*tom. 1. des voyages au Nord, » pag. 126.*) est toujours beau, jour » & nuit, si l'on doit appeller nuit » ce crépuscule perpétuel, qui y » occupe en été tout l'espace de la » nuit (*a*). Comme les jours y sont

---

(*a*) Selon les dernieres cartes de M. de L'Isle, le vaste pays du Groenland, s'é-

» très courts en hiver, les nuits en
» récompense y sont très-longues,

---

tend du sud-ouest au nord-est sur plus
de quarante degrés en longitude, & vingt
en latitude, ou depuis le soixantième
degré jusqu'aux dernières terres connues
auprès du pole. Les nouvelles découvertes faites par les Russes au nord-est
de la mer Glaciale, ne vont pas à deux
degrés au-delà, & leur *Boscaïa Zembla*
répond à-peu près à la pointe du Groenland qui s'approche le plus du pole. Ce
que dit La Peyrere des nuits de l'été
du Groenland, éclairées par un crépufcule perpétuel, ne peut tomber que sur
la partie qui est en-deçà du cercle polaire, c'est-à-dire au dessous du soixante-
sixième degré & demi, ou même beaucoup plus bas à cause des réfractions
septentrionales ; puisqu'au-delà, c'est le
soleil même qui y passoit continuellement une partie de l'été, sans se cacher
sous l'horison. A Tornéo, qui est au
soixante-cinquième degré quarante-trois
minutes de latitude, le jour du solstice
d'été, on voit du haut du clocher le soleil qui ne cache que la moitié de son
disque sous l'horison, à son coucher,
il reparoît peu après tout entier.

» & la nature y produit une merveil-
» le que je n'oserois vous écrire,
» si la chronique Islandoise ne l'a-
» voit écrite comme un miracle.
» Il s'élève au Groenland une lu-
» mière avec la nuit, lorsque la
» lune est nouvelle, ou sur le point
» de le devenir, qui éclaire tout
» le pays comme si la lune étoit au
» plein, & plus la nuit est obscure,
» plus cette lumière luit. Elle fait
» son cours du côté du nord, à cau-
» se de quoi elle est appellée lu-
» mière septentrionale : elle res-
» semble aux feux volants, & s'é-
» tend en l'air comme une haute
» & longue palissade. Elle passe d'un
» lieu à un autre, & laisse de la
» fumée aux lieux qu'elle quit-
» te. Il n'y a que ceux qui l'ont
» vue qui soient capables de se re-
» présenter la promptitude & la
» légèreté de son mouvement. El-
» le dure toute la nuit, & s'éva-
» nouit avec le soleil levant. On
» m'a assuré que cette lumière sep-
» tentrionale se voit clairement de

T iv

» l'Islande & de la Norvege, lors-
» que le ciel est serein & que la
» nuit n'est troublée d'aucun nua-
» ge. Elle n'éclaire pas seulement
» les peuples de ce continent arcti-
» que; elle s'étend jusqu'à nos cli-
» mats, & cette lumière est sans
» doute la même, que notre ami
» célèbre, le très-savant & très-
» judicieux philosophe M. Gassen-
» di, m'a dit avoir observé plu-
» sieurs fois, & à laquelle il don-
» na le nom d'aurore boréale ».

Thormodus Torfeus Islandois, his-
toriographe du roi de Dannemarck
a donné en 1715 une description
latine du Groenland, où il parle
de la lumière septentrionale comme
d'un phénomène commun dans les
terres polaires. La description qu'il
donne de la constitution du ciel
du Groenland est curieuse ; mais il
paroît qu'il a tiré la description
qu'il fait de l'aurore boréale, de
la même chronique Islandoise citée
par la Peyrere. On y trouve seulement un peu plus de détail. Sur

les accidens variés de ce phénomène, tels que les jets de lumière
qui y font comparés à des tuyaux
d'orgue , ou à des roſeaux lumi-
mineux, qui naîtroient & diſpa-
roîtroient dans un clin-d'œil. Il
ajoute qu'il avoit vû ce même météore en Iſlande , de ſes propres
yeux, mais que c'étoit une lumière
plus tranquille & plus continue ,
quoiqu'elle ne laiſſât pas quelquefois de ſe mouvoir avec impétuo-
ſité. (*a*) Qu'il étoit encore enfant,
mais qu'il ſe ſouvient fort bien de
l'étonnement & de la frayeur que
cet objet terrible avoit cauſé à
tous les habitans de l'iſle. Circonſ-
tance qui prouve que ce phénomène n'eſt pas conſtant en Iſlande,
& qu'il a ſes repriſes comme en
Europe.

____

(*a*) *Meteorum hoc continuo licet fulgore, ſibi tamen interdum inimicum, ſe
invicem magno, terribiliſque impetu col-
lidere.*

T v

C'eſt ce que rapporte M. Anderſon dans l'hiſtoire naturelle de l'Iſlande & du Groenland, où il aſſure que les plus anciens Iſlandois, s'étonnent eux-mêmes de la fréquente apparition de l'aurore boréale, diſant qu'on la voyoit autrefois beaucoup plus rarement. Ce météore avoit donc eu ſes interruptions en Iſlande pendant leſquelles il ne paroiſſoit pas, & du tems même de M. Anderſon, ſes apparitions quelques fréquentes qu'elles fuſſent n'étant pas continues, le phénomène ne ſe voyoit pas régulièrement toutes les nuits (a).

Il n'y a rien là d'extraordinaire, l'atmoſphère de l'Iſlande & du Groenland eſt ſujette à des variations de température, de même que celle des régions plus éloignées du pole : cette cauſe ſeule ſuffit pour occaſionner les interruptions des

______

(a) *Mém. de l'acad. des ſciences, ann. 1751. hiſt. pag. 40 & ſuiv.*

aurores. Si dans ces climats, elles
font plus fréquentes en hiver que
dans les nôtres, c'eft que l'excès du
froid qui y domine, réduit les
forces actives de la nature dans un
état d'inertie qui empêche toute
viciffitude dans l'air inférieur, &
laiffe aux vapeurs & aux exhalaifons répandues dans la région fupérieure une facilité à fe développer, qu'elles ne trouvent que
rarement dans notre atmofphère.

On doit remarquer encore une
circonftance dans le récit de la Peyrere, c'eft la fumée vifible qui
termine prefque toutes les aurores
vues en Iflande & dans le Groenland; accident qui prouve que ce
météore ne fe forme pas à une fi
grande hauteur que celle qu'on lui
a affignée, & que fa matière vraiment phofphorique, eft compofée
des fubftances que l'évaporation
porte du fein de la terre dans l'air.

Si les aurores boréales ne font
pas perpétuelles dans les pays feptentrionaux, elles le font encore

T vj

moins dans ceux qui se rapprochent davantage de l'équateur, depuis l'aurore boréale observée en 1621 par Gassendi; on n'en vit aucunes en France qui fixassent l'attention des observateurs que celle de 1716. On en parla comme d'un phénomène nouveau, relativement à nos climats, quoiqu'on en eût observé quelques-unes en Dannemarck à la fin du siècle précédent. M. Leibnits qui l'observa en 1707 à Berlin, où elle devoit commencer à reparoître plutôt qu'en France eu égard à sa latitude, l'annonça comme un phénomène qui n'avoit pas été vû depuis le tems de Gassendi, ce qui prouve que l'on n'avoit alors aucune connoissance de ce qui se passoit dans les royaumes du nord & au-delà, ou qu'il falloit que ce phénomène fût bien caractérisé pour que l'on y fît quelque attention.

M. Halley ayant soigneusement parcouru l'histoire d'Angleterre, n'y en trouve aucune trace depuis

1574 jusqu'en 1621, & delà jufqu'en 1716. L'aurore boréale a
donc eu par-tout fes interruptions
& fes reprifes. Après un long intervalle, lorfqu'elle eft plus que le
tems de la vie d'un homme fans
paroître on l'oublie, & quand elle
fe remontre on la regarde comme
un phénomène nouveau d'autant
plus étonnant que l'on ne fe rap-
pelle plus fes caufes ; fes feux étincellans infpirent une forte de
frayeur, qui doit néceffairement
agir fur des hommes groffiers &
ignorans, tels que l'étoient il y a
plus d'un fiècle, la plupart des habitans du nord, & tels que le font
encore le plus grand nombre des
Iflándois & des Groenlandiens.
Mais ce météore ne leur infpira
pas d'autre fentiment que celui de
la terreur : les chroniques ne nous
difent pas qu'ils en tiraffent aucun
préfage finiftre pour l'avenir. Il
n'en fut pas de même dans nos climats ; nos pères moins ignorans,
moins barbares que les habitans du

septentrion , mais beaucoup plus superstitieux , ne virent dans les aurores boréales que des objets tristes & menaçans, une vive représentation des désordres civils, des guerres cruelles qu'ils se faisoient , & des cruautés qu'ils exerçoient les uns à l'égard des autres. Plus près du midi où le phénomène n'avoit qu'une lumière variée dans son éclat mais tranquille, on n'y vit d'abord , qu'un signe resplendissant de la présence des dieux , telle fut l'idée des grecs.

Lorsque dans la suite des tems les poëtes eurent changé la façon générale de penser, que les visions des enchantemens , & les prodiges de la féerie eurent succédé aux absurdités du polithéisme , les Italiens les plus méridionaux, ne considérèrent les aurores boréales toujours rares pour eux, que comme des jeux singuliers de la puissance des fées , qui dans leur imagination avoient succédé aux magiciennes. On sait que la fameuse Circé avoit fixé son séjour à une des pointes méridonales de l'Italie qui conserve encore son nom ; d'autres enchantereſſes étoient ſans doute établies ailleurs ; & la plupart des phénomènes brillans de l'air ſoit de jour, ſoit de nuit, eurent le nom général de *Fée Morgane*. Nous en avons dit quelque choſe à la fin du ſeptième tome de cette hiſtoire, où nous avons donné une idée vraie de la plupart de ces phénomènes, qui ne ſont certainement pas des aurores, mais des effets remarquables & quelquefois admirables, d'ombre & de lumière.

CONCLUSION.

Dans tous ces phénomènes variés, la nature ſe reſſemble toujours & par-tout : le ſiège de ſa puiſſance eſt dans l'élément, ou la matière, dont tout ce que l'on remarque dans le monde ſenſible eſt compoſé. Le fluide ignée, cette modification la plus ſubtile de l'élément, généralement répandu dans toute la vaste étendue de notre globe, & même de l'univers, par son mouvement uniforme & constant, même dans la variété de ses effets, est l'instrument ou la cause seconde de tous les changemens, de toutes les destructions & les reproductions qui arrivent dans les corps & qui passent des uns aux autres.

Quelle merveille, que celle de l'évaporation! comment ce corps épais, ténace, pesant, l'eau mise en raréfaction, se divise-t-elle en ses parties élémentaires, s'élève, se confond dans l'air où elle se dissout, sans aucune apparence sensible? Quelle force plus étonnante encore, tire de cette masse lourde, froide, sans mouvement spontanée de ses parties les unes sur les autres, de la terre, cette quantité de substances diverses qui se dispersent dans l'air, vont y servir à la génération d'une multitude de météores, entrent dans la compofition de tous les corps, s'en féparent, pour retourner à la maffe d'où elles ont été tirées, d'où elles fortiront de nouveau, pour rentrer dans d'autres compofitions femblables ?

Qui peut fe faire une idée de cette circulation générale, de ce mouvement non interrompu ? Il n'y a que l'intelligence fuprême qui connoiffe les refforts admirables de tant d'ouvrages variés, dont la méchanique furpaffe même les efforts de l'imagination. A entendre parler de ces opérations fublimes, on les juge impoffibles : leur exiftence feule eft capable de perfuader de leur poffibilité. L'énergie de la nature, dit Pline, & fa majefté font à tous momens au-deffus de toute crédibilité, fi l'on ne fait attention qu'à quelques-unes de fes parties, & fi on ne la confidère pas fous un même point de vue... *Quam multa fieri non poffe, priufquam facta fint, judicantur. Na-*

tura vero rerum vis atque majestas in omnibus momentis fide caret, siquis modo partes ejus, ac non totum complectatur animo. (a)

Mais il ne faut pas se laisser éblouir de tout ce que ce grand spectacle présente de merveilleux, au point de ne pas reconnoître dans la nature, la matière & la puissance qui la meut. L'état naturel de la matière est l'inertie : susceptible de toutes les formes, elle n'en prend aucune d'elle-même ; elle attend qu'elle soit mise en action par un premier moteur... *Duo esse in rerum natura, ex quibus omnia fiunt, caussam & materiam. Materia jacet iners, res ad omnia parata, cessatura si nemo moveat...* Ainsi dans toutes ces opérations, dans tous ces changemens admirables, nous ne devons jamais perdre de vue & le grand ouvrier qui agit, &

____

(a) *Hist. natur. lib. 7. cap. 1.*

les moyens qu'il emploie, la caufe
& la matière… *Effe debet ergo*
unde aliquid fiat ; deinde a quo fiat ;
hoc cauffa eft, illud materia. Seneca.
Epift. 65.

Fin du Tome dixième & dernier.

TABLE
DES MATIERES
DU TOME DIXIEME.

A

Acide mêlé à une substance sulphu-
reuse : ce qu'il produit, *page* 119

Air : ses dispositions favorables à la formation des aurores boréales, 34. 41.
420. —— sa température inférieure
n'empêche pas leur génération, 424.
—— son état aux terres polaires, 36.
—— ses mouvemens de trépidation &
d'ondulation, 392. — l'observation en
peut être utile, 393

Alpes : font une borne qui regle la température de l'air, 250

Annales de S. Bertin : ce qu'elles rapportent des aurores boréales, 89

Anti-crépuscule : causes de sa lumière,
311. —— vient de la clarté des terres
polaires, 315

Arcs lumineux des aurores, partie du
phénomène : leur origine, 247. 276

Arimphéens : peuples imaginés demeurer
au-delà des monts Riphées, 8

ARISTOTE observe les aurores, 52. — comment il les explique, 53. & *suiv.*

ATMOSPHÈRE solaire : peut-elle produire les aurores boréales, 211. — incendies qu'elle pourroit occasionner dans l'atmosphère terrestre, sur-tout dans les climats chauds, 361. — elle est réelle, 355. — comment composée, 356. — ne peut pas entrer dans la composition des aurores boréales, 360

ATMOSPHÈRES propres aux coprs célestes : ne se mêlent point, 348

ATMOSPHÈRE des terres arctiques : son état pendant l'hiver, 122

AVIENUS : désigne les aurores boréales, 47

AURORES boréales : idée générale, 1. — éclairent les terres arctiques pendant leur longue nuit, 3. — vues de Tornéo : description, 12. — leurs causes d'origine, 17. — forme que prend leur matière au pole, 38. — comment elles s'étendent & se forment à diverses distances, 39. — observation, *ibid.* — comment les aurores furent vues des anciens, 43. — prises communément pour des incendies ordinaires, 68. — leur situation ordinaire, 114. — matières qui entrent dans leur composition, 117. — où elles se trouvent, 120. — leur position fixe ou variable 376. — à quelle heure elles paroissent, 377. — à quelle hauteur, 329. 395. —

leur fiege principal du côté du pole arctique, 138. —— font fixées où fe portent toujours au nord, 341. — ne fe montrent que par reprifes, 214. — leurs diverfes efpèces, 426

AURORES boréales complettes : font affez rares, 300. — plus tranquilles : & pourquoi, 159. —— irrégulières : leur pofition, 433. —— indécifes : leur caufes, 731. — obfervations, 371. & *fuiv.* — n'annoncent rien fur l'état de l'atmofphère inférieure, 418

AURORES boréales obfervées pendant vingt-neuf ans, 185. —— tems les plus favorables à leur développement, 186. —— conjectures fur l'état de leur matière, 187. — elles peuvent avoir des retours déterminés, 188. —— avec quel effroi on les vit autrefois, 82. 111

AURORE boréale compliquée avec d'autres météores, 155. —— explication de ce phénomène, 156

AURORES boréales obfervées en 992. 993. 1095. 90. — vue en 1527, fut effrayante fuivant les idées de ce tems, 95. —— autre vue à Paris en 1575. 100. —— de 1621. obfervée par Gaffendi, 215. —— en Allemagne en 1686. 221. —— autre obfervée à Copenhague en 1707. 224. —— à Berlin 225. — en Irlande, 226. — en 1708. à Londres & fur mer, 228. —— en 1711. 229

DES MATIERES. 455

Aurore remarquable de février 1716,
observée en Angleterre, 229. —— bruit
qu'elle rendoit, 159. —— vue à Brest,
232. —— à Dieppe, 233. —à Rouen,
234. — en Languedoc, 236. — sur
mer près des côtes d'Espagne, & en
Amérique : observations & descriptions,
237. — autre du 11 avril 1716. observée à Paris, 238. — du 12 & du 13
avril, 241. —— les mêmes vues à Dieppe, 242. —— autre observée à Solnin
dans l'Ukraine, le 15 mars 1716, 243.
—— à Upsal, le 20 septembre 1717,
246

Aurore du 25 mars 1719, observée à
Montauban, 250. —du 7 avril à Paris, 251. —— du 29 novembre : description de M. Maraldi, 252. — de
1721, vue à Giessen, à Paris, & à
Dublin, 254. —de 1723, observée à
Bologne, 255. —— à Paris & en Angleterre, 257. —— de 1726, du 26
septembre & du 19 octobre : observation & description, 259. & 263 ——
observées en 1727 & 1728. 173, ——
en 1729 : description, 274. — de
1730. 277. —— observée en Provence
& en Languedoc, 278. —autres observations de ce météore, 281. — sous
diverses apparences, 281. —— aurores
nombreuses en 1731. 285. —— descriptions, 285. & 288

Aurore boréale vue dans l'Italie sep-

tentrionale en 1737. 165. — ſes phénomènes, & diſpoſition de l'air, 164.
& 294. — de 1740 à 1751. obſervées
en divers endroits de l'Europe, 295
& ſuiv. — de 1759, obſervée à Upſal,
301. — à Berlin & à Paris, 303. —
n'étoit pas le même phénomène, *ibid.*
— vue à Vienne en 1768. 309. —
en Normandie & dans la Beauce, 312.
— de 1769. 316. 317. 319. — de
1770. vue dans toute l'Europe, 146.
— obſervée à Vienne, 320. — en
Bourgogne, 324. — à Rome, à Gènes,
à Cadix, 325. — du 31 août, vue en
Normandie, 150. — autre du mois de
ſeptembre, 204
AURORES auſtrales : vues à Cuſco en 1744.
140. — d'où on peut les obſerver de
ce côté, 142. — obſervations de M.
d'Ulloa & de Frezier, 143
AURORES : pourquoi rares dans la zone
torride, 369. 373

B

BACON : ce qu'il dit des expériences &
des conjectures en phyſique, 170
BRUINE glacée qui couvre les habits &
les poils, 121

C

CERCLES obſcurs & lumineux des aurores : ce que l'on doit en penſer, 379.
386
CHALEUR

CHALEUR des terres arctiques, 24

CHINOIS : connoiffent les aurores boréales, 77. — obfervations faites chez eux dans ce fiècle, 78. — défigurées par une pieufe crédulité, *ibid.*

CHRONIQUE de Louis XI. : obfervations que l'on y trouve d'aurores boréales vues à Paris en 1465, 93

CIEL : fon état fe renouvelle après un certain cercle d'années, 188. — il paroît couleur de fang dans les aurores, 198

CIRCULATION générale de la matière de tous les phénomènes, 449

COLONNE lumineufe vue à Laufanne, 304. — autres météores de cette efpèce, 306

COMÈTE ou phénomène à quatre queues, & autres météores, 98

CORNELIUS GEMMA : defcription qu'il donne d'aurores boréales en 1568. 1573. & 1575. 99. — conjectures morales qu'il en tire, 102

COULEURS des aurores : comment produites, 163. — leurs variétés, 408

COURONNES ou coupoles dans les aurores, 396. — comment l'œil les faifit & les confidère, 398

CRÉDULITÉ : donne lieu aux fictions, 218

CRÉPUSCULES d'hiver, & autres phénomènes de ce genre; leurs caufes, 166. — crépufcule anticipé : ce que c'eft, 163

E

ÉCLAIRS de l'été, & nuages d'où ils sortent : leur origine, 149. —— leurs limites indéterminées, 178. —— quelques-unes de leurs variétés expliquées, 179. —— éclairs dans les aurores : leurs causes, 390

ELECTRA, l'une des pléiades : sa retraite, 43. —— ses sœurs nommées par Ovide, & leurs mariages, 44

EMBRASEMENT spontanée du chaume en Italie, 63

ESPRITS sulfureux volatils, portés au haut de l'atmosphère, 32

ETHER ou fluide subtil : peut entrer dans la composition des aurores, 173. —— explications de ce méchanisme & ses suites, 174. *& suiv.*

EVAPORATION : à quelle hauteur elle porte ses matières, 337. —— ses merveilles dans l'économie de l'univers, 448

EXHALAISONS sulfureuses : s'enflamment d'elles-mêmes, 118. —— comment modifiées en Perse & en Arabie, 145. 154. —— enflammées, & éclairs de l'été excitent quelque bruit dans l'air, 161. —— de la terre & des eaux, font la vraie matière des aurores boréales, 349. —— comment leur action réciproque en produit les phénomènes, 350

EXPÉRIENCES : leur art ne découvre pas
tous les secrets de la nature,   353

F

FÉE MORGANE, ou météores lumineux
vus dans le midi de l'Europe,   446
FEUX des aurores de différentes formes,
                                                        64
FEUX aëriens comparés aux feux terres-
tres,   176
FLAMME d'une torche vue dans le brouil-
lard, paroît plus large & plus rouge,
                                                        424
FLUIDE sulfureux : effet de son action au
nord,   21. 23
FLUIDE électrique : facilite la génération
des aurores, 208. — ce qui en arrête
l'effet,   209
FONTAINES chaudes & feux souterrains
du Groenland & de la Laponie,   22

G

GÉNÉRATION des aurores boréales :
comment elle se fait dans les divers
climats,   182
GÉNIES : leur marche hardie & rapide,
                                                        365
GLOBES de feux aëriens : violence de leur
éruption expliquée,   181
GRECS : comment la religion leur fit con-

fidérer les phénomènes de l'air, 48. —— leur première idée fur les aurores boréales, 49. —— ils n'en furent jamais effrayés, 55

GREGOIRE DE TOURS : defcription qu'il donne d'aurores boréales, 85

GROENLAND : fa pofition & fon étendue, 437. — comment les aurores boréales s'y préfentent, 439

H

HAUTEUR de l'atmofphère relativement aux aurores, 363. —— hauteur extraordinaire attribuée à quelques aurores, 364

HECLA : montagne d'Iflande, volcan, & fontaines chaudes, 18

HEMUS & Rhodope, montagnes de Thrace, 4

HUILES tirées du foufre & de la neige, 134

HYGIN : ce qu'il dit d'Electra relatif aux aurores boréales, 45

HYPERBORÉENS : région qu'ils habitent, 2. — bonheur de leur fituation, & longueur de leur vie, 5. —— ceux de l'Afie, 6. — ce qui a donné lieu aux fables débitées à leur fujet, 7

I

Ida, montagne de Natolie : ses phénomènes lumineux,   50
Jets & rayons de lumière : diversement
colorés dans les aurores, 380. 387.
—— comment ces phénomènes se terminent,   382. 389
Illusion de l'optique dans l'observation
des phénomènes de l'air,   357
Imagination : ce qu'elle représentoit à
ceux qui observoient les aurores, 400.
& suiv. —— quand on cessa d'y voir
ces merveilles, 405. —— idée véritable
que l'on doit s'en former, 407. ——
fait illusion dans l'observation des météores,   426
Incendies aëriens, mesure de leur durée,   166
Joncs bitumineux & inflammables du
nord,   27
Isidore de Séville : parle des aurores
boréales,   450. 84

L

Lumière boréale : phénomène commun
dans les terres polaires, 440. — ho-
risontale : ses causes, 431. — zodiacale : observée au Havre, 168. — sa
véritable matière, 169. —— peut-elle

être la matière des aurores boréales, 344. —— inconvénient de cette hypothèfe, 347. —— vraies caufes de fon apparence, 358. — obfervations faites à ce fujet entre les tropiques,   359

M

MATIÈRE fulfureufe : où fe fait fa plus grande évaporation, 28. —— répandue dans l'atmofphère des terres arctiques, 126. —— mêlée avec les exhalaifons nitreufes, ce qu'elle produit, 127. —— matière terreftre phofphorique, très-atténuée, entre dans la compofition des aurores, 202. — comment elle eft dirigée par les vents, 203. —— matières de l'aurore boréale : leur degré de raréfaction, 333. —— variables dans leurs modifications,   413

MERS voifines du pole : ouvertes & navigables,   30

MÉTÉORES lumineux, vus aux environs de Paris en 1580. 1581. & 1583. effrayent les peuples, 105. —— autres vus à Paris & à Mayence en 1605. 107. — en Suabe en 1607. 108. —— à Paris en 1615.   109

MÉTÉORES ordinaires : fe forment à la hauteur des nuages, 340. —— leur fituation dans l'atmofphère,   417

MONTAGNES les plus élevées : leur hauteur,   366

MOUVEMENS : pourquoi variés dans les aurores, 199. 251. — de vibration établi dans la matière des aurores, 391

N

NATURE : siége de sa puissance, 447. — son énergie étonnante, 449. — ce qu'il faut reconnoître dans toutes ses opérations, 450

NEIGE accumulée : ses exhalaisons, 123. — phénomènes qu'elles produisent, 124. — à quelle hauteur elles se conservent, 374. — montagnes & champs de neige & de glace, 375

NITRE & soufre enflammés : couleur qu'ils produisent dans les aurores boréales, 132. — accidens variés qui en résultent, 133

NORVÈGE : rapidité de ses productions végétales, 25

NUAGES : leur plus grande hauteur mesurée, 367

NUÉE obscure & lumineuse : son effet sur l'air, 148

NUÉES électriques : comment elles donnent des flammes, 197. — nuées noires : absorbent la lumière des aurores, 200

O

ORAGE qui succède à une aurore boréale, 151
ORDRE dans lequel les aurores peuvent
être vues, 435

P

PAUL DIACRE: ce qu'il dit des aurores
boréales, 88
PEUPLE: ses premières idées à la vue des
aurores boréales, 165
PHÉNOMÈNE singulier observé à la Chine, ou aurore boréale vue en plein
jour, 79
PHÉNOMÈNES variés, & formes des aurores boréales expliqués, 127. — erreur attachée à la manière de les voir,
131
PHÉNOMÈNE lumineux: particulier au
Groenland, 136. —— à l'Islande & à la
Norvège, 137
PHÉNOMÈNES des aurores comparés à ceux
de l'électricité, 196. —— variés du
même météore: pourquoi ils paroissent
différens, 291. —— multipliés: pris
pour un seul, 366
PHÉNOMÈNES de la nature, infinis: comment ils peuvent s'expliquer, 171
PHOSPHORES de Brandt, Kunckel & Margraff: comment ils se composent, 191.

DES MATIERES. 465

& suiv. —— conjectures à tirer de ces phosphores sur la matière des aurores boréales, 194

PHYSIQUE : ses préjugés retardent ses progrès, 336

PLINE le Naturaliste : ce qu'il dit des aurores boréales, 71. —— ne s'attache qu'à détailler leurs présages, 72. —— entrevoit leurs causes, 75

PROVINCES septentrionales de Suède & de Laponie : leur température, 19

R

RAYONS rouges : les plus vifs de toutes les couleurs, 410. — les plus apparens dans les phénomènes de l'air, 412. 425

RÉFRACTION de la lumière des astres aux terres polaires, 35

RIPHÉES, chaîne de montagnes en Asie, 4

ROMAINS : comment ils virent les aurores boréales, 57. — frayeurs & préjugés de ce peuple. Tite-Live cité, 57

S

SAISONS irrégulières dans le nord : leurs suites, 25

SEGMENT obscur des aurores : quelle peut en être la matière, 190. — n'est pas un nuage ou un brouillard, 225

SÉNÈQUE : explication qu'il donne des aurores boréales, 59. *& suiv.*

SIFFLEMENT léger qui accompagne l'éruption des jets de feu des aurores, 394

SOLEIL : son effet dans quelques terres arctiques, 26. — comment il s'y montre, 33. — comment les anciens crurent qu'il se formoit, 50. — comment il paroît en Angleterre & en d'autres climats, 134

SOUFRES, nitres, & substances ignées, électriques, produisent les aurores, 213

SPECTACLE aërien vu à Turin en 1654, 220

SPITZBERG : odeur qui sort de ses rochers, 22

T

TAÏTI : ses habitans, 10

TERRES septentrionales : abondent en matières ignées, 18. — terres arctiques : pourquoi inhabitées, 31

TONNERRES & foudres : inconnus en quelques régions, 33

TREMBLEMENS de terre : peuvent changer l'état de l'atmosphère, 339

V

VAPEURS glacées : forme qu'elles prennent, 121

VÉGÉTAUX des terres glaciales : leurs qualités, 27

VENTS opposés, déterminent le cours d'ex-

DES MATIERES. 467

halaisons contraires : ce qu'il en résulte, 206
Vents & températures qui accompagnent
les aurores, 419
Virgile : ce qu'il dit des Hyperboréens, 9
Volcans aëriens : produisent des aurores boréales, 269
Weigatz : (détroit de) qualités de ses
végétaux, 20

Fin de la Table du dixième & dernier Tome.

De l'Imprimerie de P. AL. LE PRIEUR.

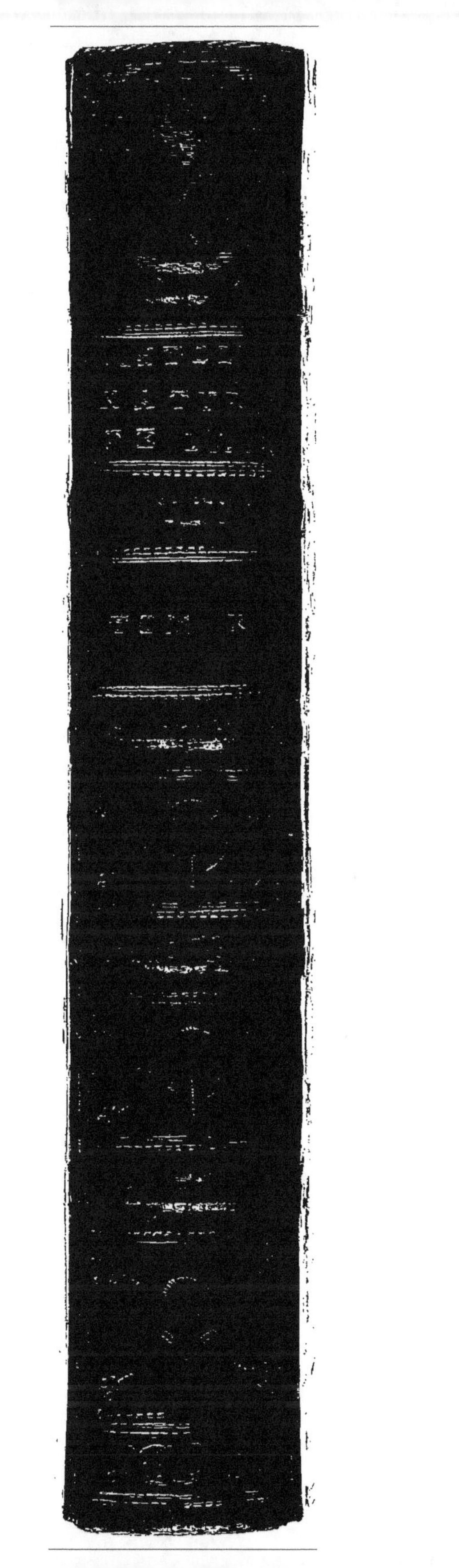